营造的意趣

图解东西方空间智慧

张建 著

江苏凤凰文艺出版社
JIANGSU PHOENIX LITERATURE AND
ART PUBLISHING

图书在版编目（CIP）数据

营造的意趣 ：图解东西方空间智慧 / 张建著. ——
南京：江苏凤凰文艺出版社，2024.4
ISBN 978-7-5594-8551-9

Ⅰ．①营… Ⅱ．①张… Ⅲ．①空间设计－研究－图解
Ⅳ．①TU206-64

中国国家版本馆CIP数据核字(2024)第063874号

营造的意趣　图解东西方空间智慧

张建 著

责任编辑	张　倩	
策划编辑	翟永梅	
出版发行	江苏凤凰文艺出版社	
	南京市中央路165号，邮编：210009	
网　　址	http://www.jswenyi.com	
印　　刷	河北京平诚乾印刷有限公司	
开　　本	710毫米×1000毫米　1／16	
印　　张	10.5	
字　　数	134千字	
版　　次	2024年4月第1版	
印　　次	2024年4月第1次印刷	
标准书号	ISBN 978-7-5594-8551-9	
定　　价	68.00元	

（江苏凤凰文艺版图书凡印刷、装订错误，可向出版社调换，联系电话025-83280257）

序

我是一个设计的观者，"观表象，思内在"是我多年的习惯。

我们生活在一个被科技驱动的瞬息万变的年代，生活与工作在不断地被"屏幕"改变。从文字到图片，从图片到视频，不知还会到哪里，只知人的表达和思维变得越来越简便。这应该是好事，但我也困惑，人工智能的来临，会不会让人，至少是一部分人退化了情感表达，失去了想象与思考力？

当看到设计师好友张建的《营造的意趣》时，我的内心平复了许多。终于有人挣脱了"屏幕"的束缚，以当代的视角和优雅如诗的文字抚摸文质彬彬的古人生活，让人瞬间触碰到温暖的人文肌理。富有童趣的手绘，笔触清晰，生动形象，令人过目不忘。广博的视野，涵盖中外古今生活、人文、科学、艺术，让人心潮起伏、浮想联翩。在图解设计为主的当下，仅以文字和手绘的质朴方式来描绘、解读设计，实属不易。

《营造的意趣》图文并茂，是不可多得的设计参考，更是对人文温暖的呼唤。

卢从周

2024 年 4 月

◈ 前言

古人如何造房子，对我们还重要吗？

在大众的印象里，传统营造仿佛随着木结构建筑一起，退进了历史的角落。我们只能从残存的木结构建筑中欣赏、了解那层层叠叠的斗拱、美不胜收的彩绘。然而，古人的营造观念难道不值得借鉴吗？如同古人对生活、对宇宙的认知一样，他们的营造观念是东方的集体智慧，一样值得我们去深入学习。

东方营造是东方传统文化的一部分，不可分割，一脉相承。提到东方传统文化，人们都承认它的博大精深，是几千甚至上万年来人们在这片土地上积累的集体智慧。

然而，传统文化似乎离我们的现实生活很远。我们如同欣赏博物馆里的文物一般欣赏唐诗的雄浑、书法的飘逸、山水画的高远。这样单纯地只从艺术角度欣赏东方文化，实在是一种资源浪费。因为艺术只是表象，是文化的外在表现，我们更应看到其强大的精神内核。如何与传统文化产生真正意义上的共鸣呢？契机便是：当你的人生遇到困惑时，前人的思想、文化的积淀能给你解答，让你找到寄托。

我们从事设计工作的人，在做到一定阶段之后，总会或多或少遇到这样的困惑，看似做得像模像样，但离理想中的境界，离那种即将触到事物本质的狂喜状态相距甚远。我想，这不是设计行业独有的困惑，而是试图实现价值的所有人的困惑。不唯今人，古人亦然。

从古至今，十年寒窗，金榜题名者屈指可数。那些回归市井生活的古代读书人，如何实现自己的人生价值，如何找到心灵的慰藉呢？这难道不是一个始终存在的难题吗？这难题究竟如何解决？或许，可以在一代代大家的典籍中寻找到答案。其中，东方文化中修身、齐家、治国、平天下的思想，给予普通读书人巨大、真实的精神慰藉。

直白地讲，可以将东方文化称为君子的文化。我们努力摆脱简单的动物性，使得对主体及客观世界的认识以及相互的协调关系达到更高的境界。

修身，也是人生目的之一。自身修为到了，家庭其乐融融，公司蒸蒸日上，乃至治理一个国家，也会国泰民安……

这便是一种文化生命力的体现——生生不息，被一代代人持续需要。足见一切艺术皆为修身，艺术之高下，是以是否有益于修身以及反映修身境界高度为评判标准；东方营造亦然，营造为了修身，高下反映境界。

我们来读两则在古书中似乎寻常的文字，这些文字与营造有关：

才怀济胜，虽布置竹石，具见经纶。

——[明] 吴从先《小窗自纪》

一峰则太华千寻，一勺则江湖万里。

——[明] 文震亨《长物志》

当我们有了一定的人生修为，即使从事很基础的设计工作，布置几块石头、几丛竹子，也能体现出境界。几块石头就能摆出太华千寻的气势，一汪清水便可塑造出太湖烟波万里的意境。即使是设计预算有限的小住宅，只要我们修为的境界足够，也一样能达到高水准，触动人心，此所谓"具见经纶"。这就是文化的生命力，因为它被一代一代人真正地需要。我们的设计观、创作观，也因融入这样一套传承有序的生命价值体系而重新焕发出活力。

与东方不同，西方的营建更追求一种人类智慧与力量的彰显，从巨石阵到希腊神庙，从哥特教堂的高耸入云到曼哈顿的天际线。是西方理性追求与人类雄心的结合，也是推动当今世界发展的文化力量。同为人类，曾经如此不同，值得思考。

此书集结了我多年来从事设计工作之余，读到有启发性的文字，或者参观了触动我的建筑之后的随笔涂画，不成体统，唯真诚可鉴，无感不发而已。

张建

2024 年 4 月

目录

第二章　此时若恰好月影入眼，那是古人有意为之
—— 古时那些精心的设计营造

第三章　为何喜欢临窗而坐？
—— 那些人类共通的空间感受

第四章　每年流行什么颜色，为何要由巴黎宣布？

—— 用东方的眼光，重新审视生活中的建筑、文化及空间现象 143

如何欣賞石壁。如何讓乎凡之物烷烧發鬼才塊石頭與一座山丘。時間終了處，空間浮現堂不屑不廡，樹不配不行詰屈。松樹的審美之松樹的審美之欹斜堆與拼貼藝術何之偃亞層疊。錦灰首小詩引發的間尺度轉換。有位佳人，在水方謂奔趨而來。一性。閑情偶寄裏哥法與叠石。珍玩如何窑般的墙壁。皺識。當我們文化了第一個陶罐。雖由人作宛自天開。讓庭院長滿青苔。堂不屑不廡樹不配不

第一章 你会在意石头上的青苔吗？

—— 那些陌生又熟悉的古时审美

周末陪孩子坐坐过山车，看一场好莱坞大片，吃一顿麻辣火锅。这些平常的休闲时光，大多是感官上的刺激和愉悦。失重带来肾上腺素增加，宏大的场景造就视听愉悦，麻辣刺激味蕾。我们的生活离东方式细腻隐晦的审美，似乎已经很远了。

而夜深后，我们独酌浅饮，翻古书，阅拓片，望一轮明月挂在霓虹闪烁的都市上空，那些隐藏在东方人基因里的情愫，又如角落里的藤蔓一样，蜿蜒而生。

文震亨，大书法家文徵明的曾孙，延续了文人世家的审美，在《长物志》里记载了一段如何让庭院长满青苔的方法：

庭际沃以饭沈，雨渍苔生，绿缛可爱。

即用米汤浸润庭院，雨后即可长满青苔，古意盎然。这就是东方细腻的审美，它隐晦又分明。因为没有青苔的庭院，在文人眼里，它的意趣便大相径庭了。

在当代设计中，我们在空间中放一块石头，给它一道光，更多的是表现一种人与自然的内在联系，抑或是一种自然物体与人工空间的戏剧化对比。

而古人所为则多了一层意味，放一块天然石于台阶之下，称为涩浪，即凝固的浪花。如果放置在书房门槛下，又称为平步青云石。这就在自然与人工的关系之外，又添了一份兼济天下的人文情怀。

如此意趣在文徵明的《拙政园图咏》中比比皆是，这也是东方审美中重要而又特殊的一面，即文学意象、人文情怀。我们的古人很擅长于此。

钓碧

白石净无尘，平临野水津。

坐看丝袅袅，静爱玉粼粼。

得意江湖远，忘机鸥鹭驯。

须知缤纶者，不是羡鱼人。

一块平平无奇的水边石头，因文学意味的注入而别有韵味。那些织网的人，哪里懂得遨游于江湖的自由。

离开了带有人文情怀的审美取向，我们对古人营造的理解会大打折扣。

一／李渔教你如何欣赏石壁

限定观赏距离

以古鉴今

　　壁后忌作平原，令人一览而尽。须有一物焉蔽之，使座客仰观不能穷其颠末，斯有万丈悬岩之势，而绝壁之名为不虚矣。蔽之者维何？曰：非亭即屋。或面壁而居，或负墙而立，但使目与檐齐，不见石丈人之脱巾露顶，则尽致矣。

——［清］李渔《闲情偶寄》

使观者迫近石壁，
视线所及，
不能见假山之顶，
产生立于万丈悬崖之下的错觉。

园林中，
这种"见首不见尾"的手法，
使得在有限的资源下，
获得接近大自然的真实感。

通过檐口遮挡视线

二 / 如何让平凡之物焕发魅力？

村舍俨然，土地平旷

豁然开朗！

沿溪行 → 穿桃林 → 初极狭

因观赏难度的增加，而使寻常风景变得有魅力。

以古鉴今

　　林尽水源，便得一山，山有小口，仿佛若有光。便舍船，从口入。初极狭，才通人。复行数十步，豁然开朗。土地平旷，屋舍俨然，有良田、美池、桑竹之属。阡陌交通，鸡犬相闻。

——[东晋]陶渊明《桃花源记》

桃花源，
是千百年来国人的审美巅峰。
当我们静下心来仔细审视，
却发现，
我们的审美对象，
不过是些村舍俨然、土地平旷、鸡犬相闻的
寻常田园景象而已。

缘何焕发如此巨大的魅力呢？
细细想来，
可能是因为增加了观赏的难度，
陶渊明带我们经历了
行舟、登岸、入洞、蜿蜒而行、豁然开朗之后，
平常之物也能脱胎换骨、神采奕然。
这也是东方审美的特质，
不求感官极致，
从平实中求况味。

透过玲珑的窗棂，
平常的景物变得不同。

设计随想

　　沧浪亭中那些形状各异的漏窗，玲珑剔透，无拘无束，透过
这些巧妙的阻隔，窗后平常的风景，也变得幽深迷人。

三／一块石头与一座山丘

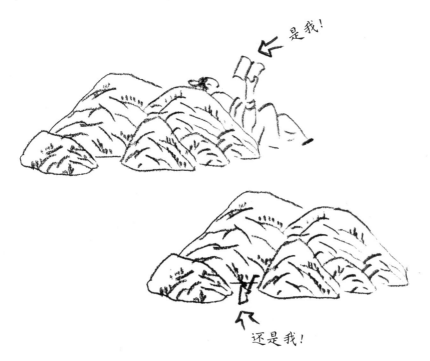

在中国文化中，

一块石头与一座山丘的描摹方式是一模一样的。

《西游记》中，观音菩萨点拨孙悟空：

凡人看见一座山，我看见千座；

凡人看见一片山，我看见全山，

以小见大耳。

可见，

局部包含整体，见微知著，

历来被视为接近开悟的智慧。

一块拳头大的石头，

因其至诚、至明，生长发育成山后，

一样能滋养草木，孕育宝藏。

而从空间的角度来看，

则反映了中国人在尺度问题上的主观性。

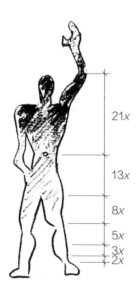

21x

13x

8x

5x

3x

2x

$$f_n = f_{(n-1)} + f_{(n-2)}$$

$$x \approx 31\ mm$$

设计随想

　　柯布西耶的标准人体，是现代主义设计尺度[1]的滥觞。他的研究发现，人体的小一级别的构造尺寸与大一级的尺寸之间存在与斐波那契数列相似的数学关系，即 $f_n = f_{(n-1)} + f_{(n-2)}$ 。它的价值在于可以对与人体相关的微观及宏观尺度做数学上的推演。

----

1. 尺度，通常被人们不加区别地仅仅用来表示尺寸的大小。实际上，尺寸只是表示尺度的物理数据，而尺度则指人们在空间中进行生存活动时所体验到的生理和心理上对该空间大小的综合感受，是人们对空间环境及环境要素在大小方面进行评价和控制的度量。

四

时间终了处，空间浮现

以古鉴今

善鼓云和瑟，常闻帝子灵。冯夷空自舞，楚客不堪听。

苦调凄金石，清音入杳冥。苍梧来怨慕，白芷动芳馨。

流水传潇浦，悲风过洞庭。曲终人不见，江上数峰青。

——[唐]钱起《省试湘灵鼓瑟》

一种典型的古典文学意象：

"曲终人不见，江上数峰青。"
一曲结束，
从时间的感受中走出，
瞥见江上青峰点点，
诗意弥漫。

"人散后，一钩新月天如水。"
与朋友欢聚，
送别后，晴空中，一钩新月映入眼帘。

"相与枕藉乎舟中，不知东方之既白。"
沉沉睡去后，
地球已悄然自转半周。

设计随想

　　当我们沉浸于一些事物中时，时间会在我们身边悄然划过，等终于有机会从中解脱出来，环顾四周，只觉得天苍苍，野茫茫。让我们突然对宇宙的秩序、空间的尺度，有一种新的感悟。

五／张岱的"堂不层不庑，树不配不行"

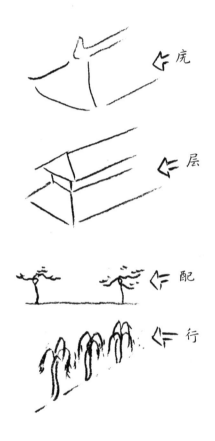

庑

层

配

行

以古鉴今

　　愚公文人，其园亭实有思致文理者为之，礌石为垣，编柴为户，堂不层不庑，树不配不行。堂之南，高槐古朴，树皆合抱，茂叶繁柯，阴森满院。藕花一塘，隔岸数石，治而卧。土墙生苔，如山脚到涧边，不记在人间。

——[明]张岱《陶庵梦忆》

张岱在描述文人园林时，

用了如下描述：

"堂不层不庑，树不配不行。"

厅堂的顶，简洁轻盈，

不做两层以上的重檐，

也不做官气十足的庑殿顶。

种树，

则要符合自然参差槎丫之态，

不要两棵树对称配对种植，

不要三棵树成行种植。

可见，

文人评价园林的标准——自然参差，宛如天成。

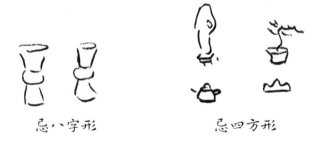

忌八字形　　　　　忌四方形

设计随想

这种园林审美的体现，在文人的日常生活中比比皆是，比如器物珍玩的摆放。清人李渔在《闲情偶记》一书中提出了"忌排偶""贵活变"的理念。"忌排偶"讲的是器物陈设以不对称、错落有致为美，忌呆板刻意的并列铺陈。八字形、四方形、梅花形都是刻板的摆放方式。

六 / 松树的审美之欹斜诘屈

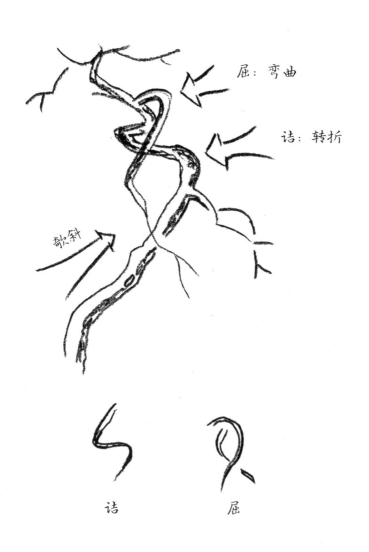

屈：弯曲

诘：转折

欹斜

诘　　屈

我们在阅读古书时,
常常碰到晦涩难懂的词。
从囫囵吞枣到逐字逐句搞懂,
我们便进入了另一个天地,
一窥古人的审美。

·欹斜
山间的松树树干,
先与岩石成一定角度长出,
然后蜿蜒向上,
这是生命力不可阻挡的样貌。

·诘屈
"诘"意为转折,指主干的形态,
"屈"意为弯曲,指枝丫的形态,
诘屈则反映了枝干在严酷环境下
所表现出的曲折缠绕的丰富姿态。

外力塑造

设计随想

　　在东方的园艺中,利用外力塑造树木形体的方式一直在匠人间默默地流传,从石榴树的盘绕到松树的压枝,与西方的几何修剪不同,东方的方式是隐而不露的。

七
松树的审美之偃亚层叠

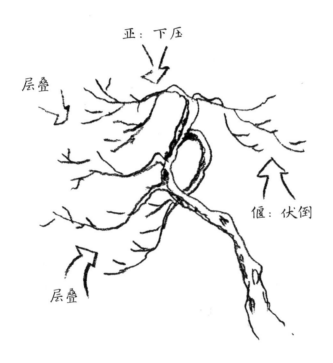

亚：下压

层叠

偃：伏倒

层叠

以古鉴今

最古者以天目松为第一，高不过二尺，短不过尺许，其本如臂，其针若簇。结为马远之"欹斜诘屈"、郭熙之"露顶张拳"、刘松年之"偃亚层叠"、盛子昭之"拖拽轩翥"等状，栽以佳器，槎牙可观。

——［明］文震亨《长物志》

"偃"意为伏倒。

草上之风必偃。

——《论语》

"亚"意为压。

鬓毛垂领白，花蕊亚枝红。

——[唐]杜甫《上巳日徐司录林园宴集》

松树因身处山谷，

极力伸展枝叶以获取更多的阳光。

过长的枝条因重力或雪压而伏倒，

却依旧层层叠叠、昂然抬头、生机盎然。

癭木

设计随想

　　癭木是树木生长过程中，因受到外力或病虫害影响，而产生的应变现象，反映在木头纹理上，就呈现出异乎寻常的葡萄纹、虎皮纹等，历来被文人视为珍品，这与他们在树木姿态上的审美情趣是一脉相通的。那就是，树木在生命历程中，与山石、风雨乃至意外伤害的互动所留下的痕迹，蕴含了丰富的时间信息，令人动容。

八 / 锦灰堆与拼贴艺术

用笔描绘

锦灰堆[1]

---

1. 锦灰堆，又名八破图，是中国传统艺术珍品之一，以文物的残片构成画面，包括集破、集珍、打翻字纸篓等方式。起于元，盛于清末。

锦灰堆，

与西方拼贴艺术最大的不同，

在于不是直接将素材拼贴组合，

而是用笔墨把一件件素材描摹在一起。

相较于拼贴的快意，

这是一个漫长优雅的过程，

充满东方情趣。

设计随想

　　有一种与画锦灰堆类似的艺术行为，即绘九九消寒图。在古代，寒冬难熬，文人便用优雅的方式去消磨时光，八十一天的"数九"时光，一天染一片梅花瓣，九天完成一朵，九朵花染完，春天便来了。

九九八十一片花瓣，每天染一瓣。

九 / 何谓奔趋而来?

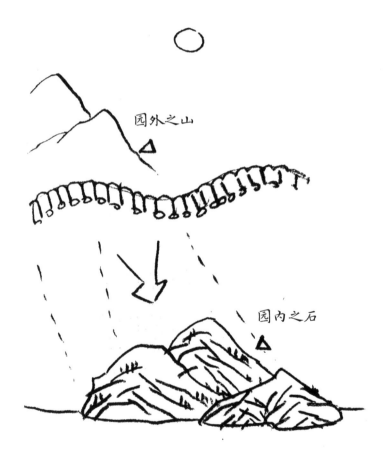

园外之山

园内之石

所谓奔趋而来

园外之山奔趋而来，

小小庭院便与山川大地、宇宙星辰

融为一体。

这种截溪断谷，

非断非续，

正是东方的营造智慧。

小小白墙，

并非藩篱，

反而成了令人产生空间遐想的背景。

设计随想

　　苏州博物馆的墙角置石采用片状岩板，错落布置加之水面倒影，造就了一种山水长卷般的平远效果。实际上，这仅仅用了尺度绝对缩小的手法，是一种单纯的微缩景观而已，少了些许截溪断谷[1]之妙。

苏州博物馆墙边置石，仅表现微缩的山水。

1.截溪断谷，是清代造园高手张南垣提出的小中见大的造园手法，即截取溪流的一部分或山体的脚部，仍能反映自然山水之尺度。

十 / 一首小诗引发的空间尺度转换

天地
观自己

尺度

炉火

微观
如观天地

灰中埋炭火，

吾栖身之家，

亦在积雪中。

笔记本上的一首小诗，

诗意来自空间尺度上的天马行空。

盆中炭火如山峦中的点点灯火，

吾居住的小屋，

亦是茫茫雪野中的一点。

设计随想

　　不同尺度的并置，造就一种特殊的诗意。比如文人案头的笔架山，小小的山峰与如椽大笔营造出别样的尺度趣味。

笔与"山"造就的尺度混乱

十一／有位佳人，在水一方

因细节朦胧，而产生悠远之感

拉远

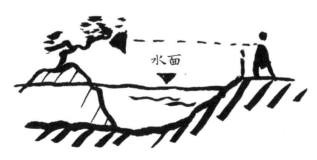

水面

限制视距（拉远）

在园林中，
水面的设置有另一层用意：
拉远观者与景物的距离，
因细节朦胧，
而产生悠远缥缈之感。

"溯洄从之，道阻且长。
溯游从之，宛在水中央。"

距离产生美，
空间造就的"求之不得"。

设计随想

这种拉开距离、制造朦胧之美的手法，在为瑞士 2002 年世博会设计建造的模糊大厦（Blur Building）中表现得淋漓尽致，它被描述为"湖上可栖居的云状漩涡"。整个巨型建筑被一层厚厚的水雾覆盖，这层水雾由 31500 个独立的高压喷水管制成，喷水管将湖水细化为无数的小水滴，并使它们长期悬浮在空中。

水雾

模糊大厦

十二／假山的透明性

类似西方的透明性理论

假山的审美标准之一——透，
并非仅仅指物理意义上的透明，
而是指在营造者所设定的
各个观赏角度下，
石头之间穿插掩映的关系，
皆清晰有力。

这一点像极了妹岛和世所说的，
最重要的是透明性。
而这里的透明性并不等于玻璃的透明性，
透明性是具有多样性的，
它意味着许多。

设计随想

　　在柯林·罗的建筑透明性的概念中，最重要的部分便是建筑各体块分割的空间不断交叠、互相渗透，让人置身其中，始终感受到多个空间的同时存在。

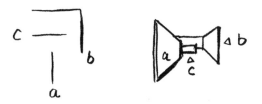

十三 /《闲情偶寄》里哥窑般的墙壁

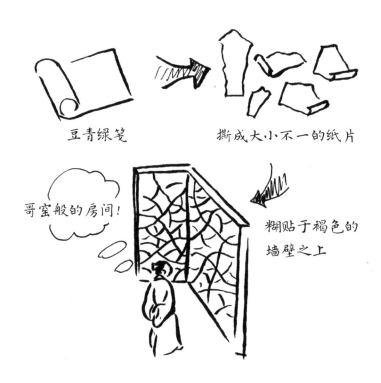

豆青绿笺　　　　撕成大小不一的纸片

哥窑般的房间！

糊贴于褐色的
墙壁之上

以古鉴今

　　先以酱色纸一层，糊壁作底，后用豆绿云母笺，随手裂作零星小块，或方或扁，或短或长，或三角或四五角，但勿使圆，随手贴于酱色纸上，每缝一条，必露出酱色纸一线，务令大小错杂，斜正参差，则贴成之后，满房皆冰裂碎纹，有如哥窑美器。其块之大者，亦可题诗作画，置于零星小块之间，有如铭钟勒卣，盘上作铭，无一不成韵事。

—— [清] 李渔《闲情偶寄》

李渔独创做法，
使室内如一个大的瓷器，
墙壁如瓷板。

做法如下：
墙上糊贴酱色纸打底，
手撕豆绿云母纸碎片，
大小各异，贴于其上，
令酱色只露细线，
如哥窑冰裂纹理，
大块上可题字，
如瓷器上的题字，
更显文雅。

设计随想

　　哥窑瓷器随时间流逝会形成越来越丰富的冰裂纹，而新旧裂纹的深浅会略有不同。这种把时间写在器物上的审美是文人所钟爱的。有趣的是，哥窑瓷器会在夜深人静之时发出清脆的爆裂声，被文人视为雅趣。

咔嚓

十四／皴法与叠石

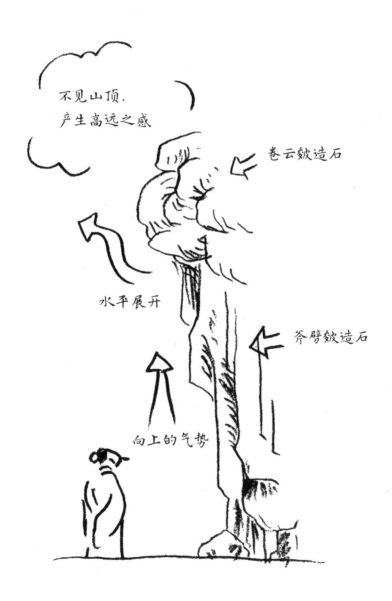

不见山顶,
产生高远之感

卷云皴造石

水平展开

斧劈皴造石

向上的气势

叠石与绘画，
有着相似的审美标准。
因此，
假山叠石中，
借鉴了很多绘画技法，
皴法便是一例。

叠石，
模仿斧劈皴，
则创造出壁立千仞的感觉。
而需要水平展开时，
蜿蜒堆叠的卷云皴便再适合不过了。

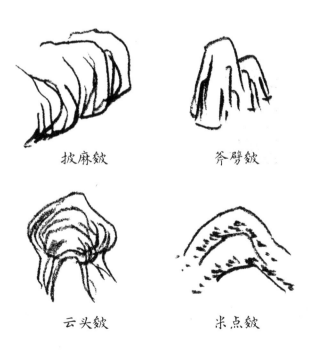

披麻皴　　　　　　斧劈皴

云头皴　　　　　　米点皴

十五／珍玩如何摆放？

品字形

心字形

火字形（一）

火字形（二）

以古鉴今

　　若三物相俱，宜作品字格，或一前二后，或一后二前，或左一右二，或右一左二，皆谓错综；若以三者并列，则犯排矣。四物相共，宜作心字及火字格，择一或高或长者为主，余前后左右列之，但宜疏密断连，不得均匀配合，是谓参差；若左右各二，不使单行，则犯偶矣。此其大略也，若夫润泽之，则在雅人君子。

——［清］李渔《闲情偶寄》

从李渔的珍玩摆放理念中，

我们得以一窥古人的审美——

在平衡中求险峻，

于散漫中得和谐。

看似无心，处处留意。

古人在插花、文玩、挂画、园艺等方面，

皆留下了丰富的经验，

这难道不是我们重拾当代生活美学的源头吗？

十六/东方的空间共识

伏羲女娲图[1]

_____

1. 伏羲女娲图，出土于吐鲁番阿斯塔那墓，绢质，以白、红、黄、黑四色描绘，伏羲左手执矩，女娲右手持规。二人皆人首蛇身，上体相拥，下体相缠，是中国古代传说中的始祖神。

显然，

伏羲女娲图中，

规矩中正的空间代表社会性、礼仪性。

自由流动的曲线空间代表本能的快乐和

原始的动物性。

这似乎不言而喻，

生长在我们的基因里。

设计随想

　　古代的建筑布置，亦反映了这种社会性和本能的自由结合。宫殿住宅的布局，横平竖直，轴线分明；而一墙之隔的园林，则自由散漫，曲线丛生。

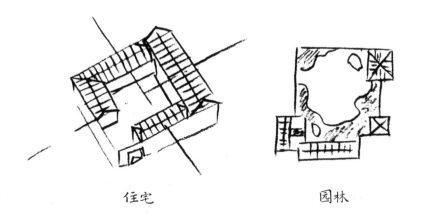

住宅　　　　　　　园林

十七 / 当我们"文化"了第一个陶罐

当我们"文化"了第一个陶罐，
世界便不同了。

"文"同纹饰，
将庸常生活修饰。
能造出梦想，
是人类与其他动物的最大区别。
同样的生存繁衍，
因被"文化"了，
则变得高尚而不可侵犯。

设计随想

　　在我们的文化中，将食色礼制化、高尚化是普遍的现象。
　　"生死事大，慎终追远""百年好合，龙凤呈祥"……让我们在艰难的生存进化中，充满希望，心怀高尚。

十八／虽由人作，宛自天开

自然之石，因各有形态，施以斧凿，难免有人工生硬之感。

沉入湖中，经十几年乃至几十年、上百年湖水冲刷、腐蚀……

儿孙辈打捞出，形态优美，浑然天成！

以古鉴今

太湖石出平江太湖，土人取大材或高一二丈者，先雕刻，置急水中舂撞之，久久如天成。或用烟熏，或染之色，亦能黑微有声，宜做假山。

——［宋］赵希鹄《洞天清禄集》

古时，

太湖石的加工方法，

一方面反映了工匠在技术有限的情形下的智慧；

另一方面反映了社会的主流审美，

那就是——

虽由人作，宛自天开。

设计随想

　　充分利用自然造化的鬼斧神工，稍假人工，为人所用，是古人智慧的体现。经千万年时间淬炼，无论质感还是形状，都饱含了巨大的时间信息，极富魅力，是人力所不能及的。

十九／让庭院长满青苔

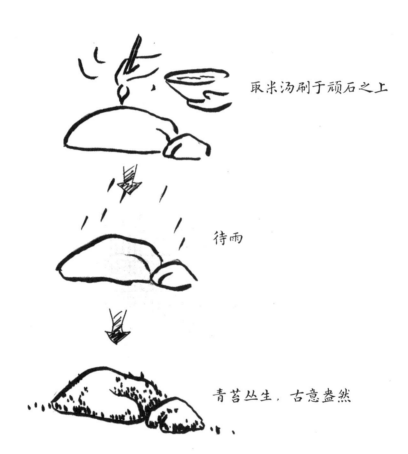

取米汤刷于顽石之上

待雨

青苔丛生，古意盎然

庭际沃以饭沈，雨渍苔生，绿褥可爱。

—— [明] 文震亨《长物志》

《长物志》里记载，
将米汤刷于石上，
待雨滋润，青苔丛生。

这种古意盎然的小事，
反映了东方人细腻敏感的审美，
和万物皆可为我用的超然。

设计随想

　　东方自古便有"远取诸物，近取诸身"的思维方式。文人雅士"仰观宇宙之大，俯察品类之盛"，以取得对世界及现实智慧的启迪。一草一木，皆有神明，因此我们可以敏锐地欣赏树影、青苔、墙上留下的雨痕和雪地上的爪印。

　　据传，唐大历年间，颜真卿与怀素在洛阳讨论笔法。素曰："吾观夏云多奇峰，辄常师之，其痛快处如飞鸟出林，惊蛇入草。又遇坼壁之路，一一自然。"真卿曰："何如屋漏痕？"素起，握公手曰："得之矣。"

園林心沉……

花屏。如何表現截溪斷谷。

直的綫條。園林中，石頭與牆的三則關係。如何用毛筆畫出筆

時與來時的風景……有失的邊界。每一

個優美的名字，……暗含了一種空

間。留園裏，雨……充滿廢墟感的

庭院。掇山的三……竹幽居亭，最

玲瓏的營造。如……置石與身

體的關係。復思與驚艷中蘊含的古時信息。用

屏風圍合的洞穴。看得見的場。過白，一種感

官上的尺度把控。亭，園林中的尺度密碼。如

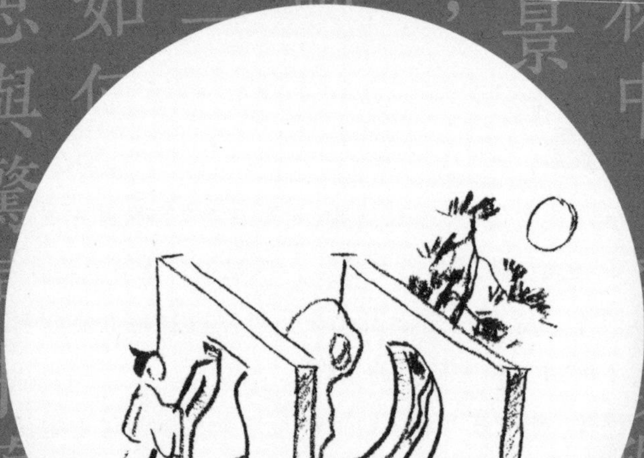

此时若恰好月影入眼，

那是古人有意为之

——古时那些精心的设计营造

偶翻一张古画，该画描绘了山水间住宅的样貌，初看不以为然，但越仔细推敲，越发现其中的别有意味之处。

按照现代的设计方法，一栋建在山水间的房子，一定是像赖特的流水别墅那样，向不同方向伸展，以期与自然取得更充分的对话。而我们的古人则恰恰相反，他们用一圈围墙将住宅与环境分隔开来，却在墙内大费周章地堆山挖石、广植树木，待山水有样貌、树木有姿态后，才设置亭台楼榭。

这其中的原因在于，自然的山水美则美矣，却不能完全满足文人士大夫日常的修身需求。

园林是主观再造的自然，是为修身而设的精巧营造。我们再来读一段明人的笔记，这段文字描述了作者心目中理想的消夏的房子：

吾所取者，风亭月榭，环以湖山，笼以竹树，炉烟袅袅，帘影重重，远近荷花，左右图史……陶然一醉，兀然一枕，便是羲皇上人。

——［明］佚名《闲赏十六则》

作者要建一所房子，却只字不提房子什么样，而是细细描述与风月、湖山、竹树、荷花的关系，容纳香烟、帘影、图史、美酒、小睡的情境。

古人更注重房子与自然、与生活之间的关系，而非形式，是一种万物皆为我用的营造境界。我们难道不应该重新审视之、深思之吗？

这就是我们东方文人的设计观、营造观。虽然它可能不够系统，不够逻辑分明，但对于以理性主义为主体的现代设计体系而言，无疑是有益的补充。

但是，这种把天地山水融入小小庭院的宏大构想，细细想来，令人心惊，叫人感叹！

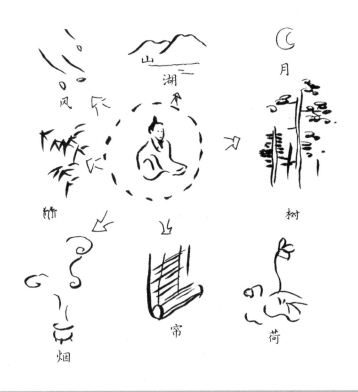

一／园林，心流触发的场所

足够的
吸引力

有适当难度的审美过程

长廊

及时的
反馈

心流[1]，

在心理学上指全身心投入某事物，

忘记时间、忘记利害的状态。

心流是如何发生的呢？

简单地说，就是一个事物要有足够的吸引力，

并且投入过程中的每个阶段都要有点难度，

让人稍费脑力才可以明了，

太难或太简单都容易使得注意力中断。

还有个关键点，就是及时的反馈，

如同打游戏时阶段性通关的感受，

让人产生阶段性的小成就感。

而古典园林的魅力，有相当部分得益于此。

·吸引力

空间曲折掩映，包含自然与人文的足够信息量。

·适度的难度

园林的路径从不直接，总要起承转合，

相较于大自然又不那么严酷、险峻，难度适当。

·及时的反馈

这是园林的撒手锏，

长走廊行到中间，总要设置亭榭来观鱼赏月，

给人及时的奖励，

峰回路转后，总有别样风景。

借景、对景，从不让人失望，

于是心流与空间自然地结合在了一起。

---

1. 心流（英语 flow，又译为福流），在心理学中是指人们在专注进行某种行为时所表现出的心理状态，是一种将个人精力完全放在某种活动上的状态。心流产生的同时会有高度的兴奋及充实感。这个概念是由匈牙利心理学家米哈里·契克森米哈赖提出的。

二 / 李渔的梅窗

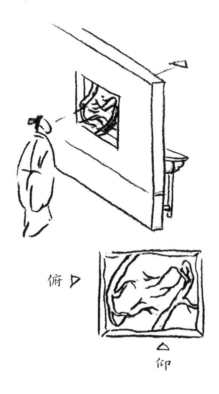

俯 ▷

△ 仰

以古鉴今

取老干之近直者，顺其本来，不加斧凿，为窗之上下两旁，是窗之外廓具矣。再取枝柯之一面盘曲、一面稍平者，分作梅树两株，一从上生而倒垂，一从下生而仰接，其稍平之一面则略施斧斤，去其皮节而向外，以便糊纸；其盘曲之一面，则匪特尽全其天，不稍戕斫，并疏枝细梗而留之。既成之后，剪彩作花，分红梅、绿萼二种，缀于疏枝细梗之上，俨然活梅之初着花者。同人见之，无不叫绝。

——[清]李渔《闲情偶寄》

李渔见有些枯的枝丫形态很美，
于是将其嵌于窗户上，外侧糊纸，
在过滤后的光线下，
更显情趣，称为梅窗。

他还用彩绢做花，
让我想起儿时在农村，
人们把爆米花插在带刺的荆棘枝子上，
做成仿真梅花，
惟妙惟肖，至今难忘。

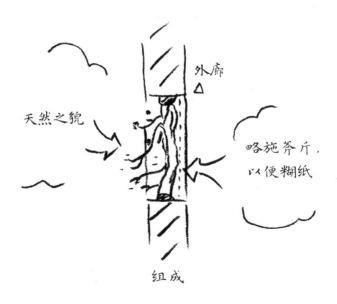

外廊

天然之貌

略施斧斤，
以便糊纸

组成

三／还原《浮生六记》里的活花屏

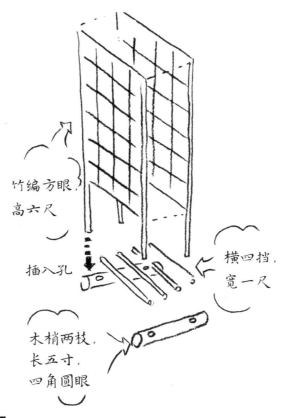

竹编方眼，高六尺

插入孔

横四挡，宽一尺

木梢两枝，长五寸，四角圆眼

以古鉴今

　　劳教其家，作活花屏法甚妙。每屏一扇，用木梢二枝，约长四五寸，作矮条凳式，虚其中，横四挡，宽一尺许，四角凿圆眼，插竹编方眼。屏约高六七尺，用砂盆种扁豆置屏中，盘延屏上，两人可移动。多编数屏，随意遮拦，恍如绿荫满窗，透风蔽日。迂回曲折，随时可更，故曰活花屏。有此一法，即一切藤木香草随地可用。

——[清]沈复《浮生六记》

偶翻笔记，

对照《浮生六记》里的文字，

欲手绘活花屏。

又广搜网络，都不如自己可靠。

因我思考问题的方法，

都是从真实情形出发，

试图还原往日时空里的真相。

不为论文，不为学术。

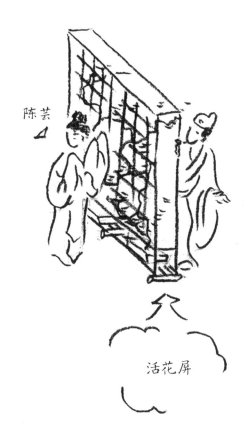

陈芸

活花屏

四 / 如何表现截溪断谷?

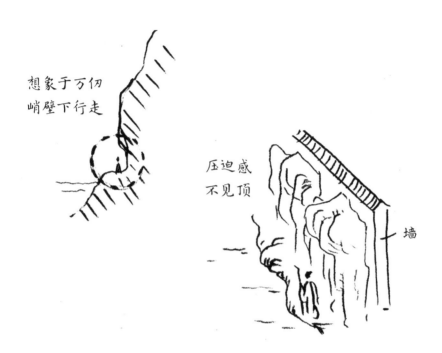

想象于万仞峭壁下行走

压迫感不见顶

墙

以古鉴今

今夫群峰造天，深岩蔽日，此夫造物神灵之所为，非人力所得而致也。况其地辄跨数百里，而吾以盈丈之址、五尺之沟，尤而效之，何异市人搏土以欺儿童哉！唯夫平冈小阪，陵阜陂陁，版筑之功，可计日以就，然后错之以石，棋置其间，缭以短垣，翳以密篠，若似乎奇峰绝嶂，累累乎墙外，而人或见之也。其石脉之所奔注，伏而起，突而怒，为狮蹲，为兽攫，口鼻含呀，牙错距跃，决林莽，犯轩槛而不去，若似乎处大山之麓，截溪断谷，私此数石者为吾有也。

——[明]吴伟业《张南垣传》

由于空间有限、人力微薄，

无法将自然的造化完全重现于园林之中。

我们却可以巧妙地

截取溪水转弯的一段或山谷的小小局部，

通过藏头隐尾、有意遮挡等方法，

取得芥子须弥、游目骋怀的效果。

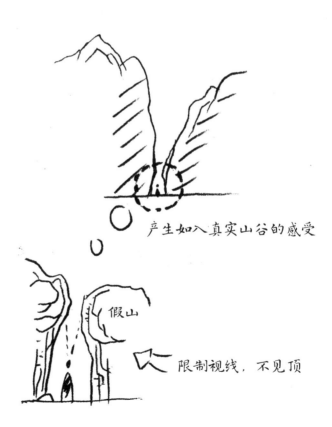

产生如入真实山谷的感受

假山

限制视线，不见顶

五 / 如何用毛笔画出笔直的线条？

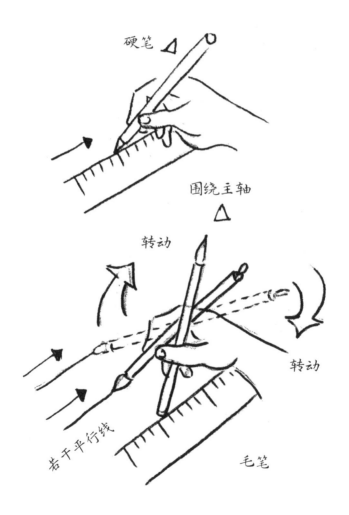

硬笔画直线,

只需要靠紧尺子, 拖动笔即可。

毛笔却不可以如此,

而是采用拿筷子的方法,

让硬的笔杆靠紧尺子, 即反向拿笔,

手指作为转换系统,

同样可以画出笔直的线条。

巧妙的是,

因为转换系统是可以调节的,

所以在尺子不动的情况下,

可以画出若干条平行线。

设计随想

　　像使用筷子一样, 中国人往往摒弃复杂的多种工具, 转而使用最简单的工具来处理复杂的问题。

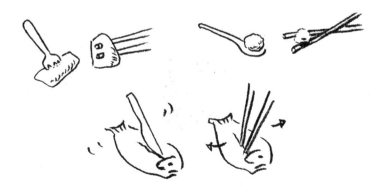

六 / 园林中，石头与墙的三则关系

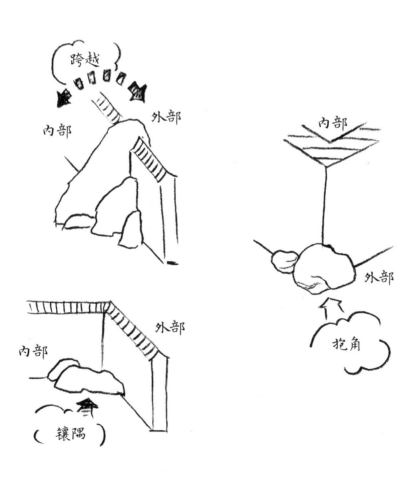

石头是自然的象征，

粉墙代表人工，

两者关系的处理，

反映了东方人对天人关系的认识：

见微知著，

你中有我，我中有你。

石头穿行于人工建筑之间，

时而跨越，时而停顿，

偶露峥嵘。

设计随想

　　石头的设置集中于墙体的边际处，如墙顶、墙根、阳角、阴角。设置少量石头，便可以取得彰显两者关系的最佳效果。

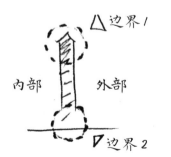

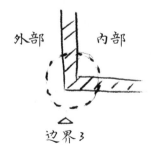

七 / 去时与来时的风景

水景

墙

松石景

返　　墙　　往

往返的风景,

因廊中的一段粉墙而变得不同。

让我们在短短的旅途中,

可以欣赏不同的风景,

感受欣喜与留恋。

复廊中间的隔墙看似限制了视线,

实则丰富了游园的经历。

设计随想

　　在园林中,限制视线是在有限空间里最大限度地丰富主观感受的常用手法。

　　留园中的古木交柯景观,周遭三面是开敞的柱廊,使得它成为小庭院的主景。而小院外的主园风光,只能透过玲珑的漏窗窥之,令人遐思飞扬。

八 / 消失的边界

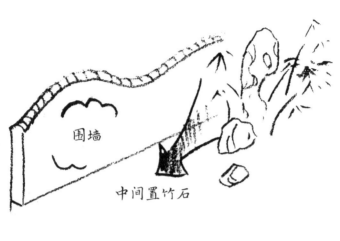

围墙

中间置竹石

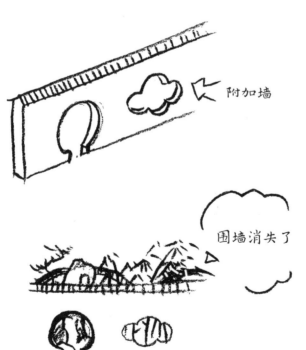

附加墙

围墙消失了

园林中，空间有限，
要实现宏大的山水意象，
消除边界是常用的手法。

在围墙内侧附加一道带漏窗的玲珑粉墙，
两墙之间设置竹树花石，
从而使园林的边界变得灵动、虚幻。

设计随想

　　拙政园中的一个墙角便使用了此种处理手法，使得生硬的墙角充满意趣。

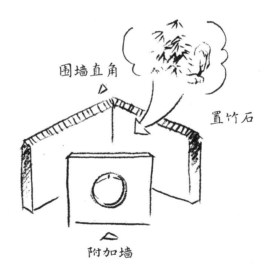

围墙直角

置竹石

附加墙

九 / 每一个优美的名字，都暗含了一种空间

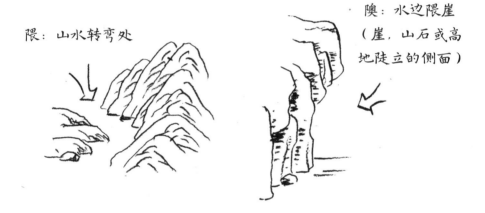

隈：山水转弯处

隩：水边隈崖
（崖，山石或高地陡立的侧面）

碧：水边大石

泮：水岸，水边

对这些优美却晦涩名词的兴趣，
源自文徵明的《拙政园图咏》。

通过对此类名词的探究，
诗词中蕴含的空间意境，
便慢慢浮现出来。

·湘筠坞

四面高地围合的竹林。

·芙蓉隈

长满芙蓉的水面蜿蜒处。

·柳隩

柳枝下垂，几乎浸入水面，远看一片绿色。

·珍李坂

长满珍稀树木的缓坡。

坞：四面高、中间低之地

十 / 留园里，两个充满废墟感的庭院

院内空空如也

a

四面墙开洞
院内无一物

b

a

四面围墙仅一石！

苏州留园中的两个充满废墟感的石林小院。

a 院里空无一物，

b 院里仅有一石。

从 a 院走入，视野内空无一物，

通过月亮门洞进入 b 院，

兀然一石。

四下环视，

唯天光及从四面墙上洞口透入的风景。

玲珑的空间感受，多年以后仍记忆犹新。

设计随想

　　废墟感，即建筑失去其固有功能时所呈现出的陌生感觉。例如，只有洞口，却没有窗户；只有围墙，却没有屋顶遮蔽。

　　中国文人的追求，并非空间的虚无，而是用极简的手法反衬周遭的生机。相得益彰，各得其所。

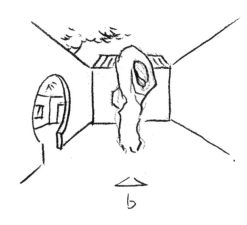

仅一石而已！

十一 掇山的三种手法

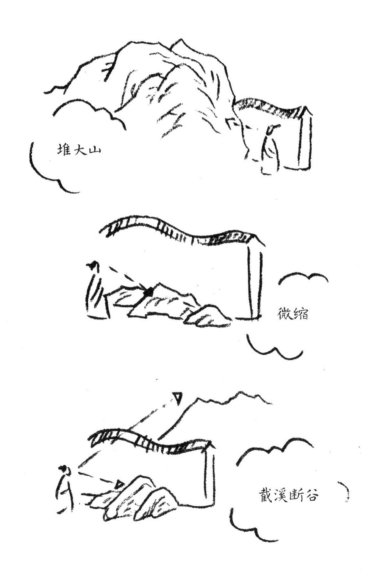

堆大山

微缩

截溪断谷

· **堆大山**

最具代表性的莫过于宋徽宗的艮岳了，

可谓"括天下之美，藏古今之胜"。

据记载，此园"冈连阜属，东西相望，前后相续，

左山而右水，沿溪而傍陇，连绵弥满，吞山怀谷"。

园内植奇花美木，养珍禽异兽，构飞楼杰观，

极尽奢华。

· **微缩法**

追求仿真山，具体而微，

从小山假景到石堆假山，

有种盆景的意味。

· **截溪断谷**

在追求小中见大的同时，

以土中戴石、平岗小坂、陵阜陂陀、曲水疏花，

创造山林深远意境，

与园外的山水取得尺度上的呼应。

设计随想

　　在实际操作中，往往是几种方法混用，与人发生直接物理关系的部分，采用堆山和截溪断谷的手法。微缩法一般用于离观者较远的地方。

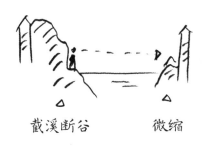

截溪断谷　　　　微缩

十二/

梧竹幽居亭，最玲珑的营造

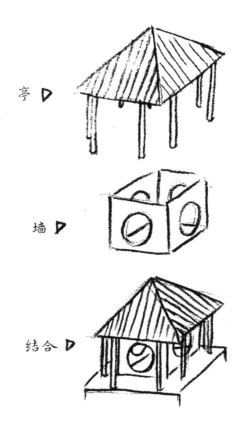

亭 ▷

墙 ▷

结合 ▷

四面开洞的墙体，

完全可以支撑亭子的屋顶，

却要另加木结构柱梁，

包围在外侧，

形成一圈走廊空间，

费工费料，

何苦来哉？

实则，

其反映了文人的造园观念，

建筑要虚、要隐，

要灵动，有呼吸。

白色的实墙，

只有在深深的屋檐里面，

其上才能投下浓浓的阴影，

与周围景观融为一体。

设计随想

　　粉墙的嵌入，不但没有使空间拥塞，反而使层次变得更加丰富，使得四面景观有了取景框。同时，因为月亮门的集中式设置，观者的角度更加多样，玲珑感倍增。

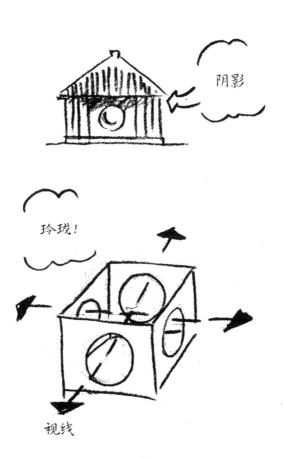

阴影

玲珑！

视线

十三 / 如果我是古代工匠，如何设计出斗拱？

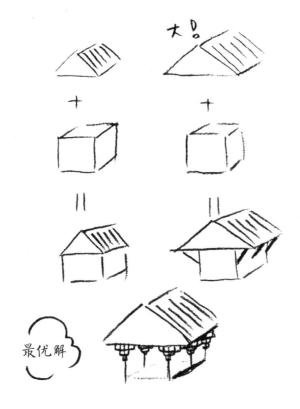

屋顶与房子同样大小时，

可以直接放置。

如果屋顶大、房子小，出檐很多，结构不稳定，怎么办呢？

斜撑即可解决。（福建民居有此例）

但观感突兀，斜撑不正，寓意不好，又怎么办呢？

层层叠叠的斗拱便应运而生。

简单地说，就是用层级式的垂直受力，代替斜撑。

功能重要，

符合天地之道同样重要。

天地之间，要有秩序。

一如屋顶是人的冠冕，

不可随意，不可歪斜，

要平直庄重。

古人的设计，

便是这样的推演，

追求功能与形式的结合。

动机真诚，赤子之心，昭然于物。

这正是我们今天要珍视的。

设计随想

　　若完全遵循功能决定形式的规则，斗拱便不可能产生。

　　斗拱既完美地实现了力学功能，节省了大木料，解决了建筑变形问题，又隐含了人们对于建筑反映天地人关系的理念，是一种满足功能又超越功能的人类营造。

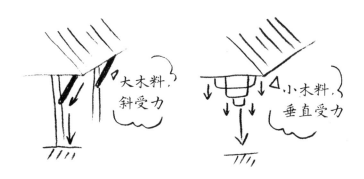

十四／置石与身体的关系

倚靠

坐卧

庇护

将山水容纳于园林，

自然要把山石水域微缩。

而缩小至与身体直接接触的尺度时，

则要相对正常，

以获取烟霞供养的意味。

山石可以是栏杆，

可以是床榻，

甚至可以是房子。

与梅妻鹤子[1]意味相通，

只是后者更接近精神层面而已。

正所谓：

风流自赏， 只容花鸟趋陪，

真率谁知 ， 合受烟霞供养。

---

1. 梅妻鹤子，即以梅为妻，以鹤为子，比喻清高或隐居。宋代林逋隐居西湖孤山，
植梅养鹤，终身不娶，人谓"梅妻鹤子"。

十五
复思与惊燕中蕴含的古时信息

照壁，又称复思墙，提示人即
将进入私人领地，需反复思量。

复思之墙，

一个颇具儒家意味的名字。

礼貌地提示人们，

即将进入他人领域，

需正心端念，

勿做非分之想，

是一种文化在建筑上的生动体现。

惊燕，
是裱画天头上的
两道竖条装饰。
与现在的固定方式不同，
在古时，
它是可以随风飘动的，
以防飞鸟的爪印污染画作。

竟然会有鸟儿光顾画作！

一幅微风穿堂而过，
飞鸟穿梭于屋宇的古时生活画面，
在脑海中生动浮现。

设计随想

　　有些事物，功能已失，仅存名称。我们由此得以一窥古人的生活，脑补过去的空间，体会过去的人们珍视什么又鄙夷什么。

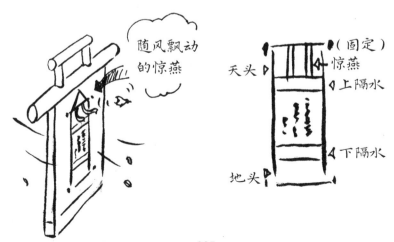

十六 / 用屏风围合的洞穴

用屏风围合的舒适空间，尽管脆弱，不能倚靠，
却暗含了"洞穴"感及原始基因里对安全感的需求。

我们在三面围合的空间里最舒适，

因为屏风确保了身后、左右的安全，

让我们内心可以安定下来，

欣赏前方的风景。

设计随想

屏风的特点,在于它的临时性。可以放在龙椅的后面,也可以放在花园里,还可以放在卧房里。它是临时的墙体,亦是相对固定的家具。

十七 / 看得见的场

通过两把障扇，把大人物的气场空间物质化。

人类自古以来，
就有通过改变周围物质环境来彰显自我存在感的本能。
比如通过两把障扇，
把大人物的气场空间物质化。

在我们改造世界的能力有限时，
可以通过扩大自己的身体范围虚张声势，
吓跑野兽，震慑敌人或吸引异性，
这与孔雀并无二致。

后来，我们学会借助工具。
大人物要坐高背夸张的龙椅，
要住高屋广厦。
甚至，连超脱红尘外的神仙，
也要头顶佛光，
彰显超然物外的境界。

随身移动的场

十八 / 过白，一种感官上的尺度把控

过白——在厅堂看见前屋脊之上有一线蓝天。

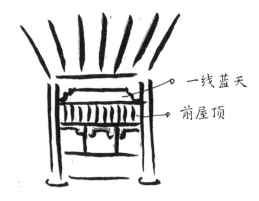

一线蓝天

前屋顶

反映了中国人对光线的控制，既不太多，又不太少。

过白，

中国古代建筑中对建筑间距的一种处理手法。

要求后栋建筑与前栋建筑的距离要足够大，

使得坐于后进建筑中的人通过门槛可以看到前一进的屋脊，

即在阴影中的屋脊与门槛之间要看得见一条发白的天光，

此做法称为"过白"。

这种从日照条件出发的营造，
同样满足了东方人对空间美学的要求。
透过檐下雕刻、柱间花格，
可以看到一道天光位于前方屋顶之上，
围合感与通透感微妙平衡。

设计随想

  过白，也是一种空间审美趣味。在营造诸多建筑空间构成后，
便演化成了一套尺度标准。所谓百尺为形，千尺为势。

  下图中，牌坊的位置显然是精心安排的，使得建筑主体、远
山与天空过白，比例完美地在框中呈现。

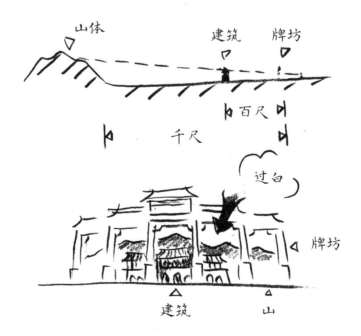

十九 / 亭，园林中的尺度密码

停也!

拉长了心理距离

亭
亭

亭者，停也。

古诗云：

何处是归程，长亭更短亭。

古时，

在驿路沿途设置亭子，

供旅人休整。

因此，古人便形成了这样的尺度观念，

亭子之间是五里和十里的距离。

园林要在有限的空间里反映山川湖海，

自然要运用些尺度技巧，

亭的设置便是其一。

在高度有限的假山顶部置一亭，

山脚亦设一亭。

利用人们固有的尺度概念，

把自然空间扩大了。

心理学应用得巧妙啊。

十里一长亭，五里一短亭

二十 / 如何在庭院中营造平远之境

把目光路径拉长

营造出平远之境

在有限的空间里，

极尽蜿蜒错落效果的景观，

使得目光路径延长，

从而营造出类似山水长卷的平远之意境，

是用园林造就的另一种"卧游"。

设计随想

卧游，即身不动，以意神游山水，澄怀观道。其深远意义在于对山水画产生的重大影响。

1. 散点透视，如人亲历，将山前山后景观呈现为一体。

2. 目光所及的每处都要求细节满满，要经得起长时间观赏、发呆。

3. 观赏是有顺序的，时间线上的起承转合尤为重要，反而整体构图不是那么重要。动辄十米、八米的长卷，整体构图只是一瞥而已。

4. 长卷里，看似相似的山山水水，其实每一部分都有不同，各有意趣，让人能沉浸其中不觉枯燥，反映画者匠心。

二十一 / 折廊，视线经营的空间

B景

A景

A景 ➡ B景

左右两侧的景观,

被交替地组织在一起,

从而成了风景长卷。

因此,

景观的营造是有顺序的,

柔美与刚劲,虚幻与雄浑,茂密与梳淡,

交替出现,循环往复。

设计随想

　　古时园林,尤善于视线的经营。那些月亮门、镂空花窗、影壁墙甚至一丛竹子,都能起到或限制、或引导视线的作用。此处主景可能亦是彼处附景,彼时配角亦可成此时主角,有限风景就在此种转换中生出无限意味来。

主景 开放

附景

适度限制

公式。臺座，讓建築脫離世俗。什麼樣的廣

莊，總在河流轉彎處。薩林加羅斯的生命力

怎樣的自己。洞穴，人類空間感受的源頭。村

起。森林之光。……角落，就選擇了

常之物有詩意。……裏于把巨石竪

梯形廣場。如何……堅固。

小屋，一種人……型。

擇冷漠。廢墟裏的……人人都愛

空間形式。人們為何熱衷于清潔。人們為何更動人。林間

造就了優美的生命曲綫。圍坐，一種有愛的

为何喜欢临窗而坐？

第三章

—— 那些人类共通的空间感受

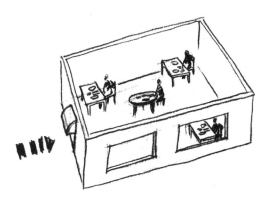

　　有一次，因为积分，我被免费升了头等舱。兴奋之余，在偷瞄了几眼周遭衣冠楚楚、神闲气定的精英人士之后，我用心体会了一下头等舱的设备、尺度以及灯光设计。而让我印象深刻的却是从座椅两侧伸出的遮挡视线的翼板，虽简单，但提供了一个自在、半私密的空间，让人轻松惬意了很多。

　　当我们处在别人或动物的视线中时，我们的原始基因告诉我们要保持警惕，以免成为别人或动物的猎物。如能逃离别人的视线，我们的肾上腺素浓度就会降低，放松感油然而生。

　　原始的我们寻山洞、挖土坑，穿越密林寻找水源，躲开别人的视线，做繁衍之事……

　　凡此种种，对生存繁衍有益处的空间景象都深深印在了我们的基因之中。它们随后以各种变换的形式出现在我们漫长的人生里，给我们慰藉，令我们愉悦。

　　早在东西方文明还未划分之时，它们便已存续万年，不可更改。任时间流转，文化把其层层包裹，它依然能触到我们的柔软之处。

在圣彼得大教堂的大厅中，仰望高耸的穹顶，阳光透过五彩的玻璃流淌而下，那些阴影中的雕像，如岩石般层层叠叠……

我仿佛回到了四万年前，在长时间穿行于蜿蜒曲折的山洞之后，猛然抬头，空间豁然开朗，直通山顶，阳光透过层层枝叶，倾泻而下，那些阴影中的山石若隐若现。那一瞬间，我潸然泪下。

一／尺度引发的思考

荷兰鬼才艺术家霍夫曼的大黄鸭，

漂流到世界的哪片水域都会引发热烈关注，

其背后的原因，引人思索。

儿时在浴缸里陪伴我们的橡胶鸭子重新回来了，

但是以另一种面貌，

以一种超人类的尺度，

震撼到我们，

使我们感受到一种

共通的童年情感，

无论肤色、民族、地区、信仰……

设计随想

在中国画和园林中，尺度从来不是一个客观系统。所谓丈山、尺树、寸马、豆人，正是这种主观尺度系统，才能融宇宙天地于尺幅或小小庭院。

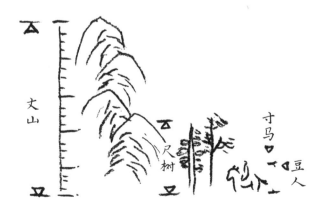

二／空间诗意从何而来？

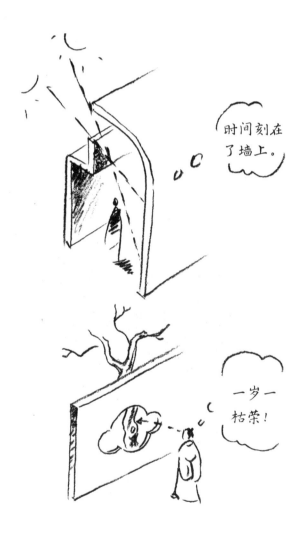

时间刻在了墙上。

一岁一枯荣！

当我们用洞口限制了阳光的照射角度，

光线便如表盘上的指针般，

在空间里刻画出了时间的轨迹。

当粉墙遮挡了视线，

洞口里出现的树木便成了唯一的焦点。

它的枯荣，变得明显而深刻。

这时，

诗意弥漫。

设计随想

艺术家马岩松的光之隧道，看到它的第一眼就被触动了。细究，原因如下：

1. 风景中的无边际水池非常动人。

2. 贝聿铭的美秀不锈钢隧道反射出尽头的风景，别具匠心。

而光之隧道，结合了上述两者的特色，互相映照，如在仙境，引发我们对空间维度的遐想。

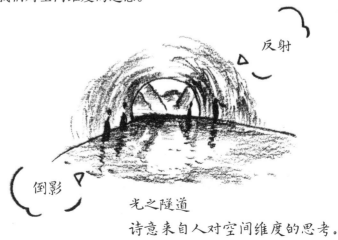

反射

倒影

光之隧道

诗意来自人对空间维度的思考。

三 / 是什么造就了优美的生命曲线？

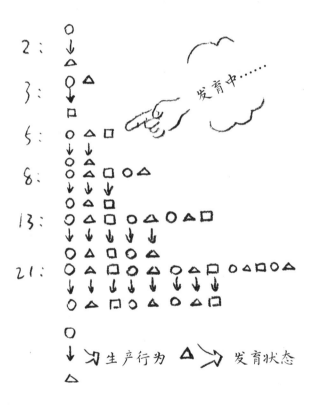

这可能是篇枯燥的文章，

对此有深入思考的人才会有所感悟，

权当自我的思想记录。

优美的双螺旋曲线反映了一代代生命繁衍的累积，

它的美在于，

不是简单的几何倍数增长（2、4、8、16、32、64……），

而是在每一代繁衍中都有一些停顿，

即生命发育的过程（2、3、5、8、13、21、34、55……），

说明新一代生命不是生下来就能繁衍，

需要等待一段时间，

到达青春期之后，

才能生产下一代。

这条优美的曲线，

是把这种时间上的延迟在空间形态上物质化了。

生命体，

在几何上有了优美的辨识度。

设计随想

　　闲来无事时，可以做如下实验，即用斐波那契数列设定正方形的边长，先得到两个边长为 1 的并列的正方形，沿着两条边，再画出一个边长为 2 的正方形，然后是边长为 3 的正方形，接着是边长为 5、8、13 等，最后把每个正方形的对角点用圆滑的弧线连起来，一条优美的螺旋生命曲线便出现了。

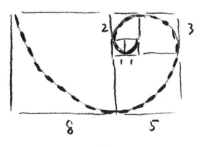

四/
围坐，一种有爱的空间形式

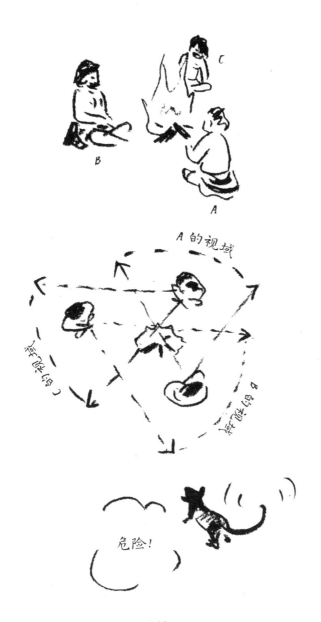

围坐于篝火旁,

享受食物与交谈。

这种充满向心力的空间,

以一种平等无差别的形式,

彰显了友爱、平等与分享的氛围。

而更深层的原因,

则在于每个人背后的安全感,

来自别人的视线。

信任,

是这种空间形式的精髓。

设计随想

　　为何水池中的下沉沙发区那么受欢迎?

　　除了产生孤岛式的同舟共济效果外,周遭的水面确保了背后的安全,让人放松。

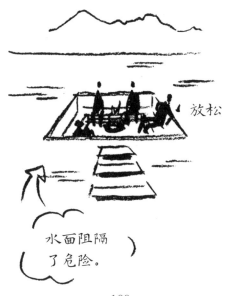

放松

水面阻隔了危险。

五 / 人们为何热衷于清洁

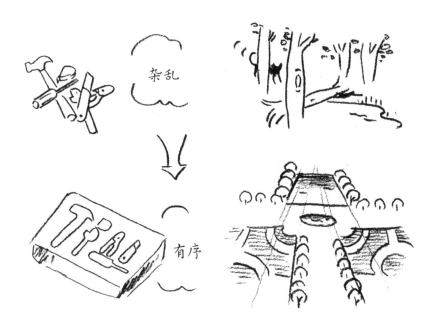

不是吗？

打扫卫生也有快感。

我们看到杂乱，

会本能地不愉快。

原始的基因让我们意识到，

杂乱中隐藏着不可知的危险，

对生存不利，

简单整理就可以产生莫名的愉悦。

这种现象中蕴含着重要的人性，

从哲学上讲，

就是人本能地追求主客体一致。

我希望周遭的客观环境

和我的主观想法一致，

有序，少意外。

当我把电脑桌面上乱七八糟的文件整理进

恰当的文件夹后，

愉悦感油然而生。

我们甚至会把自然环境也修整成规整的样子。

设计随想

　　古典主义建筑皆遵循秩序法则，建筑师试图寻找到建筑各组成部分之间的数理或几何关系，从而创造出令人愉悦的建筑作品。

一切尽在掌控。

六/人们为何选择冷漠？

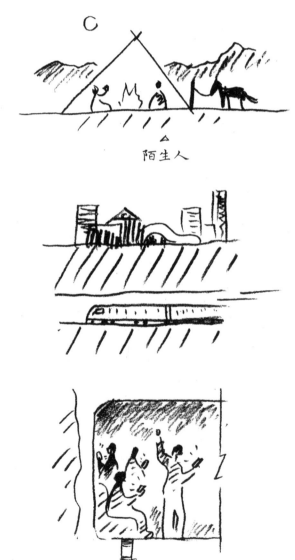

陌生人

有时，

人们愿意在孤独的帐篷里，

盛情款待陌生的旅人，

却不愿意在拥挤的地铁里，

与同行的朋友聊天。

这不仅仅涉及空间的尺度，

更因为，在深层意识里，

人们害怕失去独处的自由。

设计随想

　　一项研究表明，密集饲养动物会出现大量非疾病死亡，这是肾上腺素持续高浓度导致的。

　　在私属领域产生交集时，动物会分泌肾上腺素，呈现紧张状态，对周围同类保持警惕，人也一样。

领域感

七

废墟里的音乐会，为何更动人？

废墟里的音乐会为何更震撼？

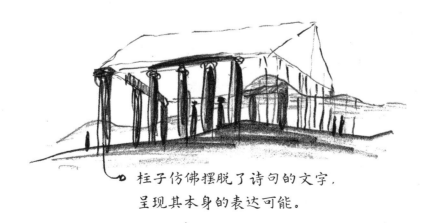

柱子仿佛摆脱了诗句的文字，
呈现其本身的表达可能。

从建筑空间角度来分析，

残余的建筑构件失去了本来的功能角色：

柱子，不再承重；

围墙，不再遮蔽；

……

而变成舞台的宏大背景。

一种沧海桑田的时间感，

使得音乐会被融入一种历史的序列里。

音乐本身也焕发了独特的一面。

如法国哲学家德里达的解构主义所说，

语言不再为表述真理而存在，

而是呈现出前所未有的自身的魅力。

设计随想

　　最古老的历史遗存与最时尚的内容结合，往往能达到一种相得益彰的效果。时尚因融入了人类探索的历史序列中，而找到了它富有意义的定位。而古老的建筑，也曾是我们享受生活、治愈伤口或祈祷美好的见证，离我们也并不遥远。

杰夫·昆斯（Jeff Koons）的气球狗在巴黎古老的宫殿里。

八
林间小屋，一种人类共通的空间原型

灌木丛生的树林，充满不可知的危险。

人们清理灌木，创造出相对安全的区域。

安全区

相对安全区

灌木丛生的树林里，

充满不可知的危险，

我们清理掉灌木，

创造出一个区域，

因视野良好而相对安全。

在此范围内建房子，

房子是可靠的安全区，

房子外围是相对安全区。

这样多层次的空间，

让我们即使身处室外，

也能感觉到惬意和安全，

因而充满空间魅力。

我想，这也是植根于我们内心的原始感受之一吧。

设计随想

　　如何重构林间小屋的空间感？我们可以利用柱子支撑的半开放空间，营造出一种树林般的感受。在人造树林中建造住宅，让我们在屋内与门前树林之间来去自如。一种奇妙的环境友好感受，来源于我们原始的领域感。

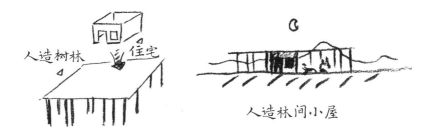

人造树林　　住宅

人造林间小屋

117

九 / 人人都爱梯形广场

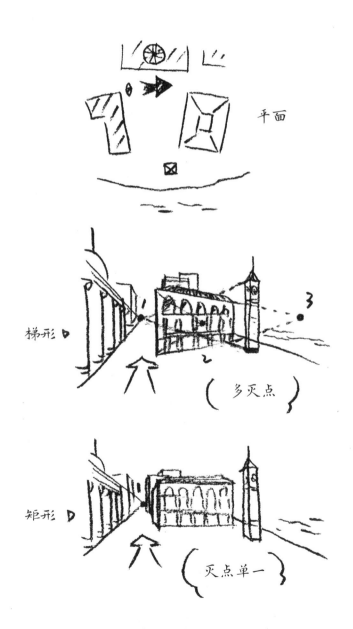

平面

梯形 ▷

（多灭点）

矩形 ▷

（灭点单一）

世界上几个著名的美丽广场大多都是梯形，
如罗马市政广场、圣马可广场、圣彼得广场。

我们从空间角度，试着解析一下。
左侧中图中，建筑之间非 90° 夹角关系，
使得三栋建筑之间呈现不同的灭点，
空间精巧多样。

左侧下图中，单一灭点使得空间一览无余，
失去了一些神秘感。
梯形产生的透视错觉，增加了空间趣味和巧思，
从而使其别具魅力。

设计随想

　　意大利雕刻家兼建筑师贝尼尼称，他的梯形广场是为了让圣
马可教堂看起来不那么庞大。柱廊围合成的梯形广场，使得空间
透视感加剧，教堂仿佛处在更远的地方。

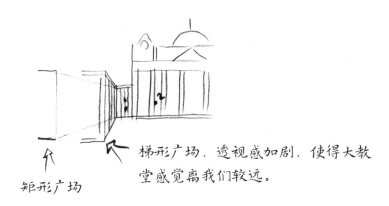

矩形广场

梯形广场，透视感加剧，使得大教堂感觉离我们较远。

十／如何让门像墙一样坚固？

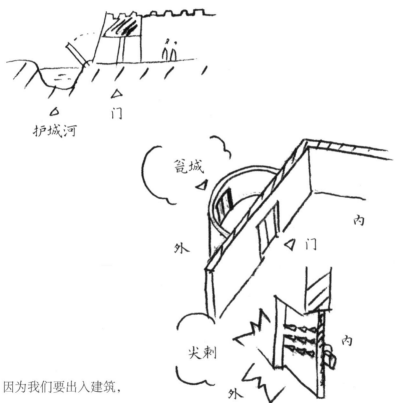

护城河　门

瓮城　外　门　内

尖刺　内　外

因为我们要出入建筑，
所以围护结构便有了缺口，
成为最脆弱的点。

千百年来，
人们想尽各种办法，
让门和墙一样坚固。

城门前开凿护城河，
只有吊桥可以行走；
建造瓮城，
在第一道门被攻陷后，
引敌人入瓮而歼灭之；
设置巨大的门钉，
使敌人不能靠近。

如今，我们贴门神、安装摄像头，
都是为了起到威慑作用。

设计随想

　　在元朝以后，民间所流传的门神指的就是秦叔宝和尉迟恭了，这种说法最早来源于民间传奇小说《隋唐演义》。原本在唐朝的时候，秦叔宝和尉迟恭是两员能征善战的大将军，后来经过小说演绎和民间加工，就成了能够驱散百鬼、斩除邪祟的门神。通常人们在左扇门贴的是秦叔宝，右扇门贴的是尉迟恭。

十一／如何让平常之物有诗意？

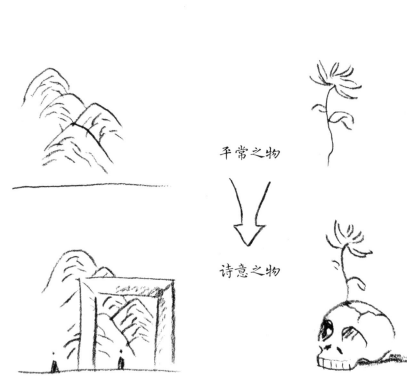

平常之物

诗意之物

平常的远山，

因前方放置一个巨大的取景框而更显动人。

更重要的是，

让人有机会审视人与自然之间的尺度。

一朵普通的花朵，

因从一个骷髅中长出而别具意味，

引发我们对生命的有限和轮回的思考。

122

当我们有意改变一些
空间和时间的尺度时，
人们便能借由它们，
重新审视时空的含义，
由此，诗意便产生了。
所谓：此中有真意，欲辨已忘言。

设计随想

　　巴西艺术家内莱·阿泽维多在其行为艺术作品《最小纪念碑》中，邀请观众将冰人摆放在阶梯上，一同见证冰人化成水。

　　当时间的尺度被加速，人们对于生命的有限便有了更为强烈的认识。

十二/ 原始人为何热衷于把巨石竖起？

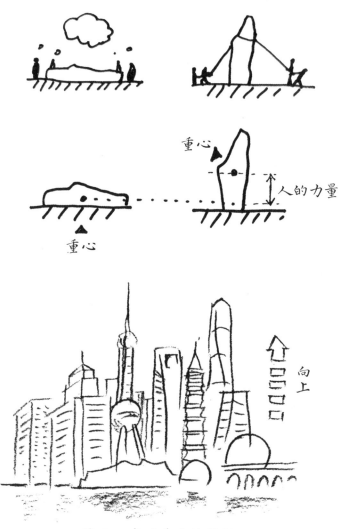

显示人类对重力的挣脱

124

一块平躺的石头，

势能最低、最静态。

人们把它立起来，

使它有了活力，

处于高势能的不稳定状态，

显示了人们对自然的干预能力，

以及对重力的反抗。

从巴别塔到摩天大楼，

人类与重力的斗争，从未停止。

设计随想

中央电视台大楼除功能的创新组合以及立面的不确定性之外，对重力的挑战与我们的祖先并无二致，并且在科技的加持下，更为触目惊心。

体现对重力
的强烈反抗

十三／森林之光

那些梦中浮现出的波光粼粼

我们对森林的情感无比深厚。

人类来自森林，曾经依附于它。

后来我们走出森林，有能力在平原、山川、沙漠生存。

对森林的情感，则被深埋心底。

我时常梦见森林深处的波光粼粼。

仿佛几万年前，跋涉于密林，寻找水源和栖息地。

当人们精疲力尽，接近崩溃时，在月光照射下，森林深处，碎银般的波光，映入眼帘。

人们喜极而泣，相拥庆贺。

那一刻，对于美的定义，深深植入我们的心底，不可更改。

设计随想

　　在炎热的天气或暴风雨来临时，参天大树给了我们庇护。当我们仰望那些枝叶时，阳光从层层叠叠的枝叶间倾泻而下，为树叶镶上金边，给土地画上纹饰。

　　法国当代著名建筑师让·努维尔深谙炎热地区人们的心理，在阿布扎比卢浮宫中，用崭新的方式，重现了这种动人的感受。

阿布扎比

127

十四

你选择哪个角落，就选择了怎样的自己

空间的不同角落,

具有不同的空间感情属性。

在可以自由选择的前提下,

你无意识的选择,

恰恰暴露了此时的心理需求。

坐在门边的人,往往讲求效率,

做事果断,但缺少一点情调。

角落里的人,

温柔善良,需要被呵护。

坐在中心的人,

心理强大,愿做主角。

而大多数人,跟你我一样,都愿意选择临窗而坐。

想坚持自我,又耐不住寂寞;

想流浪天涯,又舍不得温暖的小窝。

设计随想

狗狗总能第一时间找到最令它安心的角落,安全又可以窥探周遭,实现围合又不失警惕性。

十五 / 洞穴，人类空间感受的源头

新世界

洞穴,
在人类尚没有构筑能力之前,
是为我们提供庇护的最初空间,
我们的很多空间感受都来源于此。

艰难跋涉后,
洞穴尽头就在眼前。
在到达终点的瞬间,
一幅广阔无垠的天地图景呈现于眼前,
或许还有些山那边未曾见过的动植物。

那种冲击力,历经万年,依然如故。
不禁要发出感叹:好一个崭新的世界!

设计随想

　　什么是"大教堂效应"?　大教堂效应是指对屋顶高度的感觉与认知之间的关系。高屋顶利于抽象的思考和创意,低屋顶则利于具体且以细节为导向的思考。大教堂的空间原型,同样源于洞穴。

蜿蜒曲折的山洞

大教堂的穹顶

十六／村庄，总在河流转弯处

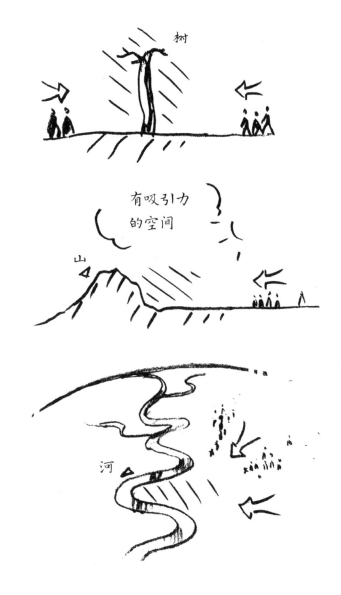

我们在茫茫原野上如何定居下来？

总要找一些物理上的依托。

一棵大树、

一个土坡，或河流转弯处，

甚至，一块大石头……

这些给了我们在均质空间里，

找到特质的理由。

让我们渔猎回来，

不会迷路，

擦拭掉与野兽搏斗的血迹，

用笑容面对雀跃而来的孩子。

设计随想

　　我家的猫咪豆豆在换毛期时，我明令它不准进卧室。它便采取了一种让人哭笑不得的姿势，前半身在卧室，后半身在客厅。动物们也意识到，跨过一条虚拟的界限，空间便分属于不同的属性。

一半里，

一半外

十七／萨林加罗斯的生命力公式

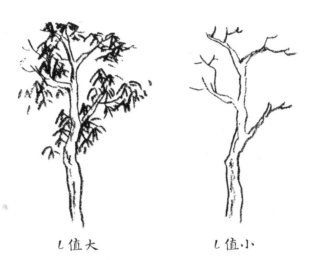

ㄥ值大　　　　　　ㄥ值小

L=TH （ㄥ:生命力　T:信息量　H:和谐度）

L=TH

生命力等于能量信息多寡与和谐度的乘积。

一棵枝繁叶茂的树，

生命力显然大于干枯的木头，

在和谐度差别不大的前提下，

显然前者的能量信息大得多。

推演到上页图中的建筑，

前者的生命力大于后者也是顺理成章了。

按照这个理论，

生命力强的建筑显然是克莱斯勒大厦以及阿尔罕布拉宫之类的，

这也是它们打动人心的内在原因。

设计随想

　　如何避免越复杂越好的误区呢？在信息量大于一定范围后，和谐度就会急剧下降，使得最终乘积不升反降。这在生活中也很容易理解。卡农是复调音乐的一种，原意为"规律"。乐曲由几个基本和弦构成，不断重复，每一次重复都加入不同和声及节奏，使得每一遍都更加丰富动人。而这一切的基础就是那个基本的和弦构成。脱离了这个和弦构成，加入再多的元素，也不会使乐曲更丰富，只会更嘈杂。

信息丰富、
和谐度极高

十八 / 台座，让建筑脱离世俗

台座，是个舞台。
发生在其上的庸常生活，
也成了戏剧。

我们把房子放置于其上，
越高，便越脱离日常——
在西方是神庙，
在东方是皇宫。

设计随想

　　《泉》是美籍法裔艺术家马塞尔·杜尚于 1917 年创作的作品，这也是他称为"现成物"的系列作品之一。杜尚在《泉》这件作品中使用了一个陶瓷小便池，将其命名为《泉》，并落款"R. Mutt 1917"（R. 马特，1917 年作）。

　　虽然达达主义以反传统著称，但《泉》的手法却是对千百年来的传统的继承——将平凡之物放置于台座之上。

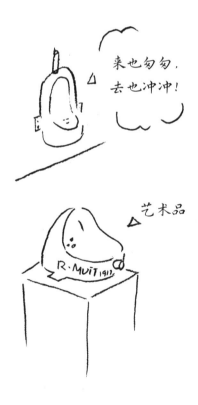

来也匆匆，
去也冲冲！

△艺术品

R. MUTT 1917

十九

什么样的广场称得上世界最美？

非轴线空间关系

步行几分钟便有空间变化

世界上几个著名的美丽的广场

皆满足以下几点：

1. 非规整轴线关系造就丰富景观渗透。

2. 宜人的尺度，步行几分钟便有景观变化。

3. 底层围合建筑，虚实结合，既围合又通透，

阴影与阳光结合有度。

4. 丰富的历史人文市井面貌。

5. 伟大的自然景观背景。

试想，有雪山、大海作为背景，广场的魅力自然增加。

凡符合上述几点，皆可称为最美广场。

设计随想

有很多形式感很强的广场并不能打动人。究其原因不外乎以下三个：

1. 周遭全是新建筑，很难唤起人们对于城市的集体记忆。

2. 尺度过大，广场的规模只考虑与城市和周遭大型建筑匹配，忽略人的尺度，缺乏移步换景的吸引力。

3. 阴影过少，阳光太多。尤其在炎热的夏天，举步维艰。

阴影

伟大自然景观背景

二十／

失去一点自由，却更便利了

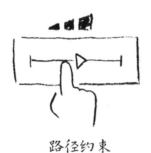

路径约束

轴线约束

边际约束

约束,

相对于自由,

仿佛有点负面的意味。

而在设计中,

约束却让使用者更便利,

减少误操作。

路径约束,

让操作只能在上、下、左、右方向。

轴线约束,

则只保留了顺时针和逆时针两种可能。

边际约束,

便保证百分百匹配。

象征符号约束则避免了言语的误解。

映射约束,

让复杂的操作因内在的对应关系而变得简洁。

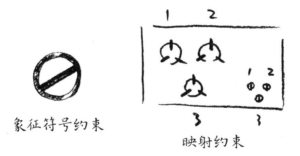

象征符号约束　　　　　映射约束

设计随想

　　控制装置与被控制的对象之间需要在布局上或者运动上存在强的对应关系,从而让用户的操作变得更直觉化。这是唐纳德·诺曼在《设计心理学》中提出的,他认为映射是表达"控制—效果"关系的一种方式,即如何用正确的控制形式表达出系统功能的效果。

路易斯·康從不枉費一扇窗。惠靈頓社區心對于路易斯·康的意義。如何創造有故事的空間。蓋裏作品的高級感從何而來。人類如何利用已掌握的能，創造奇迹。索特薩斯的設計手法。從住宅到神廟。建築的時間隈研吾借由水或玻璃所表達用東方的眼光，重新塔爾多墓園的三設計密碼。建築，始于因緣，終于燭堆哲學理念聖卡審視生活中的建築、文化及空間現象。被過分神秘化的概念。古希臘傳統住宅的樣貌。一

第四章

每年流行什么颜色，为何要由巴黎宣布？

—— 用东方的眼光，重新审视生活中的建筑、文化及空间现象在儿时的记忆里，巴黎、米兰的时装展示舞台上，模特们身上斑斓绚丽的服装便代表了时尚、高级、品位。而彼时长辈的老生常谈便是，谁家的女儿穿这种衣服上街，非得打断她的腿。

每年巴黎、纽约、伦敦都会发布年度流行色，一经发布，各个地区便将之视为圭臬、设计指南，却不管适不适合当地及当时人们真实的心灵需求；更何况，有些颜色在不同文化中的释义是千差万别的，比如绿色。

我上学时，是个十足的现代主义者。

功能决定形式，听起来多么像终极真理。试想，人们再也不用因为样式而费尽心思，只需着眼功能，形式便自然地生发呈现，多么富有哲理，与自然界中生物的生长有着相似的原理。

而一种理论，越接近完美，便越应该警惕。
功能本身是具体的吗？
不，功能一定是因人而异、因时而变的。
除了衣食繁衍等生存需求，人类的心灵需求属于建筑的功能范畴吗？

再比如，柯布西耶在现代设计体系中的尺度模数为设计提供了尺度的准则。物与人的比例关系，关乎人们使用物、使用空间的便利程度以及感受。

而在东方的园林中，尺度却包含了更多的主观性。两三步便可跨过的桥、几十步就能登上的山，却一样给人以真实的山水之乐。

凡此种种，都促使我们对一些习以为常的文化空间现象进行重新审视。

一
路易斯·康，从不枉费一扇窗

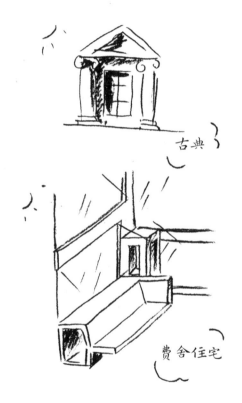

古典

费舍住宅

古典的窗户，

从不让阳光直接射入室内，

而是经过檐口的阴影、柱廊的过滤，

以及雕塑、花格等的共同作用。

窗因此更有层次，

成为室内外空间的过渡，

同时造就了空间的古典气质。

路易斯·康很早就敏锐地意识到了这一点，
窗作为阳光进入建筑的第一空间，
是光明与黑暗的分界，
是室内外空间的戏剧性过渡，
是康在设计中所着力打造的，
怎能枉费？

在费舍住宅中，
座椅、通风口、置物台组合在一起，
或阻挡，或延缓，或吸收，或反射了阳光，
使得这个空间充满了丰富的光线过渡层次，
十分动人。

在埃克塞特图书馆中，
人工照明灯槽的介入、大玻璃窗中小取景洞口的设置，
以及半高的隔断围合，
共同在大尺度空间里创造出了怡人的私属空间。

埃克塞特图书馆

二／惠灵顿社区中心对于路易斯·康的意义

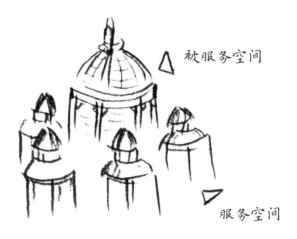

被服务空间

服务空间

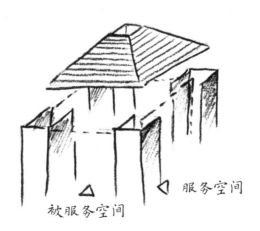

服务空间

被服务空间

路易斯·康终于找到了古今大师的思考方法原型，豁然开朗。

达·芬奇的集中式教堂中，附属的数个筒形小空间簇拥着中心大厅，既起到结构支撑中心的作用，又有众星捧月的仪式感。

帕拉第奥也是如此，处于十字交通中心的是圆厅，服务空间分布四周，简单清晰。

惠灵顿社区中心的四角矩形空间，既是支撑屋顶的构造，又是四个服务空间，服务于中间的大浴室空间，即被服务空间。

难怪康说，从此再也不用借鉴其他建筑师的想法。

让墙的二元性，这一看似玄妙的概念，得到明确应用。

一方面，墙体围合出一个空间，区分内外；另一方面，它处在一些模糊位置，例如有的墙体支撑屋顶，有的墙体围合却和屋顶脱开，甚至是孤立的存在，既在内部又在外部，既附属又独立。

在惠灵顿社区中心的运用就是这样的，屋顶架在方形柱状空间的轴线上，墙体则偏离轴线。若墙体偏内，则完全围合，体现墙的附属性；若墙体偏外，则与屋顶脱开，体现它的孤立属性。

至于很多专家批评,墙体外移导致洁具暴露在露天状态是设计失误。我想，对于一位一个方案做几年的建筑师来说，这几乎是不可能的。他更注重的是体现墙的哲学性。

墙的二元性

内？外？

承重？孤立？

三/ 如何创造有故事的空间？

掌声！

空间引导故事发生

可以从以下两方面创造有故事的空间：

1.通过空间暗示，引导故事发生，使得空间充满叙事性。

人类是很容易受客观世界影响的物种，例如，我们很难面对垃圾场生出美好的感受。左图就展示了这样一种思路，树木的遮蔽使得人们愿意聚集于此。中心的暗示以及便于围观的阶梯地形，都促进了领袖人物的诞生。

2.通过文化原型，引发群体共鸣。

右图则更加简单明了一些。某个种群对某个文化原型会有共通的情感，无需语言。在空间中，一旦有了它，这个空间的属性便被统治性地决定了。

四
盖里作品的高级感从何而来？

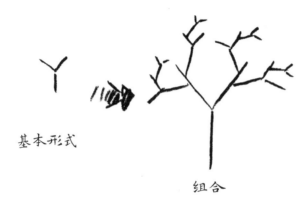

基本形式

组合

基本形式　　　　　组合

虽颇多争议，但盖里这位犹太建筑师无疑革命性地开创了设计的一种崭新思路。他的理论灵感来自另一位犹太人的数学理论——分形。

分形理论的发现，解开了构建自然形态的密码——自相似性。一棵树的基本单元就是简单的 Y 形，因要适应周遭，而呈现不同的组合，形态万千。

在记录这位建筑师的影片中，令我印象深刻的是这样一个细节，助手请他去看模型，他围绕铝片做成的模型，思忖良久，用力在一个立面上，捏出几个褶皱，然后满意地笑了。

盖里试图重现这种自然的丰富性、偶然性。从造物主的角度去建造建筑，其雄心可见一斑。

古老的村落也呈现出明显的分形面貌。村落中的基本单元一样，都是坡屋顶加墙体围合，却因山体条件、经济限制、邻里关系、家庭成员的意外增减，甚至自然灾害等的影响，在数百年后，仿佛经历了类似自然生长的过程，呈现丰富动人的空间形态，没有两个相同的村庄。

反观人工规划的新村庄，尽管基本单元是造型丰富的小别墅，整体却呈现出单调乏味的面貌，其中原因令人深思。

基本形式　　　　　　丰富的组合

153

五

人类如何利用已掌握的技能
创造奇迹?

如何创造一个巨大的水平面?

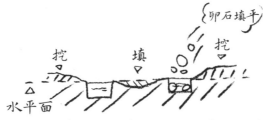

利用水的特征,一个巨大的水平面诞生了。

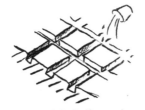

开挖纵横渠道 (蓄水)

考古者找到盲沟,推导出了过程!

庞大的金字塔，如何经久不倒？
绝对的水平是关键。

古人在基地开凿纵横水渠，
注水，找到水平面，依此平整基地。
水渠在完成使命后，被填平。

几千年后，
人们考古推断出上述方法。
人类啊，
是地球上最聪明的物种。

设计随想

　　未建神庙，先堆土丘。

　　在缺少起重设备的古代，人们如何建起巨大神庙？

　　堆土是可行的方法之一，斜坡使得利用滚木把石柱运至堆顶成为可能。接下来就简单多了，可以利用重力，把石柱竖起，再把石梁水平推至柱顶。最后，挖掉土丘，神庙建成。

六 / 索特萨斯的设计手法

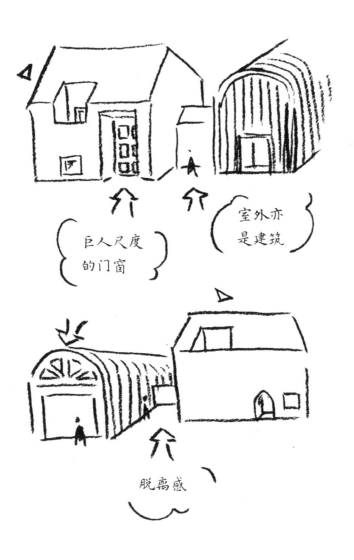

巨人尺度的门窗

室外亦是建筑

脱离感

156

20 世纪后期意大利后现代设计领袖、孟菲斯派创始人索特萨斯的建筑的独特性毋庸置疑，但他所著图书令人费解也是众所周知，本人购置一部，放在书架上几年都未曾翻阅。突然一天我心血来潮，用自己的方法分析一下，竟然很有所得。

1. 室内外皆是建筑。例如他的庭院，从来不是建筑之外的围合空间，而是镶嵌于建筑主体内的负空间。

2. 尺度的正常与超常混合使用。巨大的造型门、超常尺寸的窗棂装饰，这种仿佛巨人的门窗，粗暴地安装在常人的房子里。

3. 使用几何图形，如三角形、拱形、圆形等的运用。

4. 体块之间用脱离的手法，不反映结构受力。如体块之间的若即若离，上层构造与支撑体系之间的摇摇欲坠。

5. 色彩与材料沿袭了意大利贫穷艺术的传统。

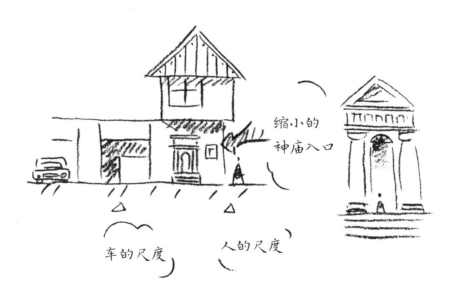

缩小的
神庙入口

车的尺度

人的尺度

七／从住宅到神庙

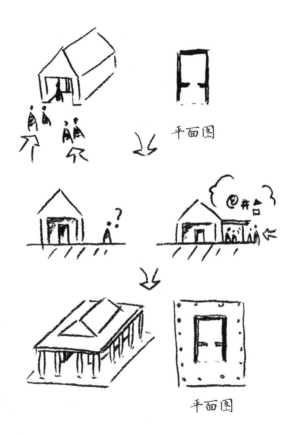

平面图

平面图

最上方左图是古希腊传统住宅的样貌。这可能恰巧是一位领袖的家，每天都会有各式各样的人来拜访，或寻求建议，或解决纠纷。显然，小小住宅无法容纳这些功能。于是，这位领袖在住宅边加了柱廊，人们在此聚集。这样，从住宅到神庙，便迈出了第一步。最终，私属建筑之外的公共建筑雏形诞生了。神庙的雏形，便是住宅的主体加社交的柱廊而已。

设计随想

以下是我对柯布西耶关于住宅与宫殿思想的个人理解。

在人与大自然长期的磨合过程中，以我们真实的经验，用周遭最合适的材料与工艺，带着对生活的最真诚的向往所建造起来的房子，就是建筑学的真谛。

以这样的赤子之心，你一样可以建造出伟大的宫殿。

临摹柯布西耶草图

我们拥有过去，只因为过去曾向我们证明，在持续的明确与平衡条件下，住宅就是一种典型，而且当这种典型不含杂质时，它便拥有了某种建筑学潜质，成为建筑学真正意义上的宝库，可以升华到宫殿的崇高境界。这也许就是现代精神的基础，从真实达到崇高。

——［法国］勒·柯布西耶《一栋住宅，一座宫殿》

八／被过分神秘化的概念 ——建筑的时间性

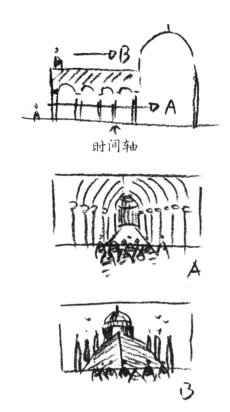

时间轴

我上学的时候，就被当代建筑引入时间性的概念困扰，觉得既高级又不可言说。我想，原因有很多，其中之一就是这种概念的引入被过分神秘化了。

人们进入空间的路线 A 是给定的，空间序列组合便在这一时间轴上展开。因此，空间给所有人的印象是相同的，是符合设计意图的。

我们不妨再给定一个屋顶的时间轴 B，建筑的屋顶形象便在另一个时间序列里展开，建筑的形象便丰富了很多。

进一步深入思考的话，我们引入更多的时间轴，空间的序列就更丰富，即使路过的是相同空间。更具小小革命性的是，把一些功能上并不必要的空间用坡道联系，使得脱离功能必要的活动成为可能，那么空间形象便在这些偶然的时间轴上展开，路线也不再给定，空间也呈现了某些不可知性。

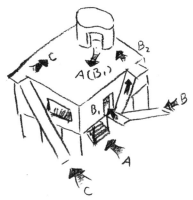

设计随想

姜文电影《邪不压正》中也反映出了建筑的时间性。

李天然骑着单车，在北平的屋顶海洋中，时隐时现。

那些灰色的四合院，或为容纳家庭日常，或为金屋藏娇，或为祭祀祖先及烧香拜佛而建，却从未有过这样一条崭新的时间轴。在此序列上，城市呈现出一种魔幻的空间景象。

李天然骑行于北平的屋顶海洋中，古老的
建筑有了另一种时间性！

九 / 隈研吾借由水或玻璃所表达的哲学理念

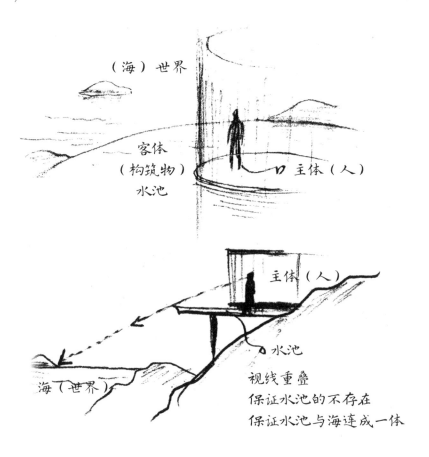

人最终追求的是主观与客观规律的一致，

建筑扮演的是媒介物。

我们打开一扇窗，窥见世界的一角：

设置水池，使之在主体（人）的视角里，

与海洋融为一体。

即主体借由构筑物（水池）体会到了世界的一角。

因此，这个构筑物的设计核心，

是设计一种空间关系，让水池无形；

使得在主体的视野范围内，海洋与水池浑然一体。

在一瞬间，主体融入客观世界。

设计随想

　　这是日本建筑师石上纯也设计的一座地下餐厅，建造顺序如下：先在地基挖坑，浇筑混凝土，再挖掉混凝土之间的土，空间就形成了。

　　反映了最核心的哲学思想：

　　1.不要去塑造空间，而是反向思考去塑造岩石，即结构体，剩下的自然是空间。

　　2.把人工挖掘的痕迹与混凝土的重力相结合，形成宛如天然岩洞的空间，令人拍案叫绝。

　　3.地下造建筑与地上造房子的工序截然相反，几乎是刻意的、哲思般的。地上建筑从下往上建造，而地下空间则从上往下塑造。

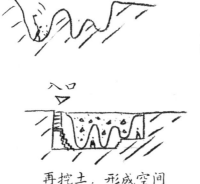

挖土

浇筑混凝土

入口

再挖土，形成空间

十／圣卡塔尔多墓园的三重设计密码

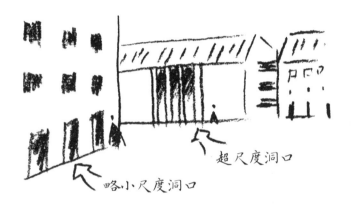

超尺度洞口

略小尺度洞口

为什么

罗西的圣卡塔尔多墓园，即使最富感染力的公共墓区的圆锥高塔未建成，也依然散发神秘的魅力。这些神秘感究竟来自哪里？

·尺度密码

设计者把某些门窗洞口尺寸缩小，使得建筑有种魔幻的错觉；同时把某些门洞尺度加大，让人感到自身的渺小。身处其中，仿佛莫名其妙地闯入了另类世界。

·废墟感

这也是最容易引发人们疑问从而触动人心的密码。硕大的建筑，只有洞口，没有门窗，或只有围墙，没有屋顶，甚至只有一道孤零零的墙，没有任何意义，却仔细描画出温馨的木窗造型。让人不禁发问，究竟为何构建这些庞大的"怪物"？细细思索，背后原因令人动容，因为亡灵并不需要物理上的庇护。

·原型

墓园是亡灵的社区，是亡灵的城市，应该有住宅、公共空间，有高耸的精神性地标（遗憾未建成）。

整个墓园平面图，仿佛大冒险家游戏的棋盘，荣华或贫穷，顺遂或多舛，一切皆由上帝的手掷骰子决定。

大冒险家　　　　　亡灵的城市

営造的意趣 图解东西方空间智慧

十一
建筑，始于因缘，终于熵增

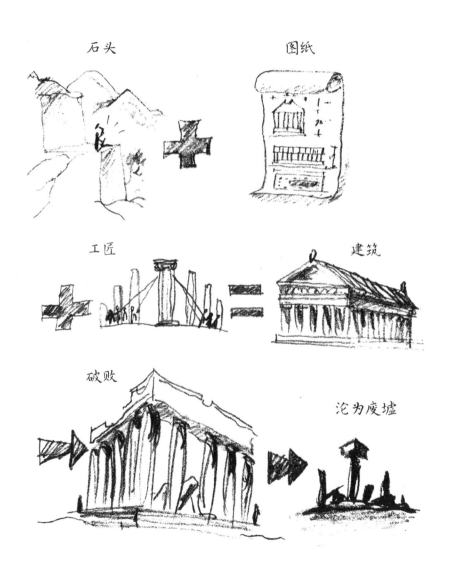

石头　　　　　　　图纸

工匠　　　　　　　建筑

破败

沦为废墟

一切皆非恒常。即一切皆是因缘和合而成，不恒久，终将变化。

建筑，再好不过地阐释了这个理念。石头与工匠因建筑图纸这个因缘，汇集在了一起，工匠赋予石头以理性的秩序，形成伟大的建筑。建筑看似坚固，实则一切终将归于熵增，回归为废墟，回归为石头。那些建筑师、工匠赋予石头的秩序，也终将归于无序。

人亦如是，基因是因缘，把各种基本元素、蛋白质汇集在一起，像一台精密的生物机器，摄入和输出能量，看似秩序井然，但当摄入渐渐减少，无法维持这种有序时，终归于熵增，重回基本元素。

设计随想

当孩子又一次推倒我小心翼翼叠放好的积木时，他再次发出快乐的咿呀声。仿佛在孩子的心里，无序才是世界的常态，有序只是个过渡状态而已。那么，我们殚精竭虑地追寻营造的技法与意趣，其意义究竟何在呢？

或许，探寻过程本身便是意义的全部，就把这当作结尾吧。

儿童因熵增而快乐

成年人却因它而悲伤

营造，诗化了人与自然的关系！